环境规制背景下生猪适度规模养殖决策研究

田文勇　著

中国农业出版社

北　京

图书在版编目（CIP）数据

环境规制背景下生猪适度规模养殖决策研究／田文勇著.—北京：中国农业出版社，2018.12
ISBN 978-7-109-24807-6

Ⅰ.①环… Ⅱ.①田… Ⅲ.①养猪业－规模饲养－研究－四川 Ⅳ.①S828

中国版本图书馆 CIP 数据核字（2018）第 249969 号

中国农业出版社出版

（北京市朝阳区麦子店街 18 号楼）

（邮政编码 100125）

责任编辑　闫保荣

北京中兴印刷有限公司印刷　新华书店北京发行所发行
2018 年 12 月第 1 版　2018 年 12 月北京第 1 次印刷

开本：700mm×1000mm　1/16　印张：14.25
字数：250 千字
定价：48.00 元

（凡本版图书出现印刷、装订错误，请向出版社发行部调换）

　　本研究受到四川省科技支撑计划项目"生猪现代产业链关键技术研究集成与产业化示范（2012NZ0001）"、"生猪现代产业链高效配套技术研究与集成示范（2013NZ0056）"、"教育部农业部国家林业局首批卓越农林人才教育培养计划改革试点项目（教高厅函［2014］7号）"、"贵州省一流大学建设农村区域发展专业一流师资团队建设培育项目（2017YLDXXM002）"、"铜仁学院校级一流建设专业项目（农村区域发展）"、铜仁学院博士科研启动基金项目"环境规制约束下贵州畜禽养殖污染治理及政策优化研究（trxyDH1811）"等项目的大力支持，特别感谢！

摘　　要

　　生猪规模养殖日益成为我国生猪产业发展的主要趋势，其在缓解城乡居民猪肉日益增长需求的同时，也面临着环境压力增大、资源约束趋紧、国际竞争加剧、疫病风险持存、市场波动较大、养殖效率低等问题与挑战。针对以上问题与挑战，相关学者研究和现行政策指出我国未来在生猪规模养殖发展过程中，应探索生猪适度规模养殖。生猪"适度养殖规模"是动态值，在不同地区、发展时期及养殖主体之间，应随着主客观条件的变化而变化。探索生猪适度规模养殖实质是探讨养殖户养殖规模决策问题，因养殖户是有限理性"经济人"，需要基于有限理性、决策独立且目标多元前提假设，重点探讨其是否需要适度规模养殖、适度养殖规模区间、适度规模养殖决策及影响因素，本书的研究具有重要的理论意义和实践意义。

　　本书选择我国生猪养殖大省四川省生猪养殖户为研究对象，以行为决策理论、有限理性理论、规模经济理论、环境经济学理论、规制经济学理论为支撑，基于当前实施严格环境规制背景，对"生猪养殖户是否需要适度规模养殖、适度规模养殖区间为多少、影响其适度规模养殖决策的因素有哪些、养殖户如何在环境规制下进行适度规模养殖决策"问题进行理论分析，构建"适度规模养殖识别-适度养殖规模测度-适度规模养殖决策影响因素探析-适度规模养殖"理论分析框架，提出"在当前环境规制背景下，生猪适度养殖规模区间将缩小"、"生猪养殖户适度规模养殖决策是综合考虑环境规制因素、非环境规制因素及其交互项多个因素而做出的决定"研究假说。其次，在对四川生猪养殖规模现状回顾基础上，运用 709 份生猪养殖户问卷调查数据，选用 C-D 生产函数、目标函数等研究方法，考察四川生猪养殖户规模养殖报酬情况，识别养殖户是否需要适度规模养殖，并从经济、效率、生态等多视角测算生猪适度养殖规模；再次，运用四川生猪养殖户问卷调查数据，分别选用 Probit、Logit 等计量方法，验证了非环境规制因素（经济效益、生猪政策、生猪价格、产业组织、风险态度、技术水平）与环境规制因素（污染治理压力）对生猪养殖户适度规模养殖决策行为的影响，以检验研究假说；最后，分别从四川四个不同地域选取四种生猪养殖户类型，运用案例研究方法，从微观层面剖析其在环境规制实施前后生猪适度规模养殖决策及影响因素等情况，印证上述研究结论。主要研究内容及结论如下：

（1）生猪养殖户适度养殖规模测度及评判研究

结论一：四川生猪需要适度规模养殖，多视角测算出的适度养殖规模存在显著差异，适度养殖规模为中小规模，污染治理成本已成为养殖规模的重要限制因素。养殖户期望养殖规模是中小规模，若考虑污染治理成本，发现 2015 年养殖户平均养殖成本将由 73.25 万元增加到 78.24 万元，平均利润将由 24.49 万元下降到 19.46 万元。实证研究表明，四川生猪养殖呈规模报酬递减特征，处于规模不经济阶段，需适度规模养殖。从养殖户养殖利润最大化视角测算，四川生猪养殖户适度养殖规模区间为 650～800 头，丘陵区为 500～653 头，平原区为 600～700 头，均属中规模；从全要素生产率视角测算，估算得出适度养殖规模约为 118 头/年，属于中规模；从养殖户污染治理成本内部化视角测算，其适度养殖规模区间为 55～75 头，丘陵区为 36～75 头，平原区为 40～60 头，均属小规模；从养殖户土地消纳粪污能力视角，其生猪适度养殖规模为 30～41 头，为小规模。上述结果回答了问题"生猪养殖户是否需要适度规模养殖、适度规模养殖区间为多少"及研究假说"在当前环境规制实施背景下，生猪适度养殖规模将缩小"。

（2）生猪养殖户适度规模养殖决策影响因素研究

结论二：生猪养殖户的风险态度、技术水平、污染治理压力存在差异，风险态度、技术水平、污染治理压力及其相关变量对其生猪适度规模养殖决策有显著影响。大多数生猪养殖户厌恶风险，为风险规避者，掌握的养殖技术或技能存在较大差异，但对其生猪养殖帮助较大，大多数采用种养结合治理模式，污染物治理难度不大，但环保达标压力较大。实证研究表明，养殖户的风险态度、技术水平、污染治理压力及具体生猪价格波动风险、饲养技术风险、疾病防治技术（合理用药）、快速育肥技术、环保部门检查、环保法规认知、是否干湿分离、是否制沼气变量对其适度规模养殖决策行为正向显著影响，是否自配饲料、饲料选用与配比技术、是否出售废弃物变量负向显著影响。

结论三：生猪养殖户适度规模养殖决策是综合考虑多因素而做出的决定，受各因素及其交互项的显著影响。生猪养殖户养殖决策中存在盲目、悲观心理，获取经济利润是其主要动机，资金短缺是限制生猪规模养殖的因素之一，技术水平、污染治理压力、风险态度、生猪价格、经济效益、生猪政策、产业组织是其调整养殖规模主要考虑的因素。实证研究表明，经济效益、政策补贴、产业组织、生猪预期价格变量对生猪养殖户适度规模养殖决策行为正向显著影响，当期生猪价格变量呈负向显著影响，也受上述变量与风险态度、技术水平、污染治理压力交互项影响。上述结果回答了问题"影响养殖户适度规模养殖决策的因素有哪些"及研究假说"生猪养殖户适度规模养殖决策是综合考虑环境规制因素、非环境规制因素及其交互项多个因素而做出的决定"。

（3）生猪养殖户适度规模养殖决策案例研究

结论四：环境规制实施前后生猪养殖户养殖规模决策发生了较大变化，在生猪规模养殖认知、适度养殖规模评判、适度规模养殖决策影响因素方面存在显著差异。案例分析发现，严格环境规制实施前，不同类型生猪养殖户养殖规模决策行为差异明显，影响其决策行为的因素也形态各异。环境规制实施后，养殖户均面临较大污染治理压力，该压力限制了其扩大生猪养殖规模，生猪养殖规模决策主要由生猪粪便、尿液、污水等废弃物污染治理能力大小、治理成本高低、治理设施齐全程度来综合决定。养殖户在养殖目标、参与产业组织程度、所获生猪政策补贴额度、生猪价格评判、养殖技术水平或技能、饲养风险偏好程度、污染治理能力方面均存在差异，导致其在生猪规模养殖认知、适度养殖规模评判、适度规模养殖决策影响因素方面差异显著。上述结果回答了问题"养殖户在环境规制下如何进行适度规模养殖决策"。

本书的创新之处主要体现在三方面：

（1）将环境规制因素纳入生猪养殖户适度规模养殖决策分析框架。基于环境规制视角，通过整合有限理性理论、行为决策理论、规模经济理论、环境经济学理论、规制经济学理论，从环境规制因素与非环境规制因素角度切入，系统构建了生猪养殖户适度规模养殖决策理论分析框架，提出了影响养殖户适度规模养殖决策的非环境规制因素与环境规制因素，完善了生猪养殖决策理论体系。突破了已有研究过多探讨非环境规制因素对生猪规模养殖的影响局限，突破了已有研究过多的从宏观层面探讨环境规制对生猪养殖的影响。

（2）从经济、效率、生态等多视角测度生猪适度养殖规模。将规模经济理论引入到生猪适度规模养殖决策研究中，拓展了规模经济理论的应用范围，并从养殖利润、污染治理成本和土地消纳视角对生猪养殖户适度养殖规模进行测度，避免了单一视角测度的局限性，提高了测度结果的科学性、可信度，突破了已有研究着重从经济效益评价和生产效率视角测度的局限，增强了养殖户适度规模养殖决策的科学性和指导性。

（3）实证研究生猪养殖户适度规模养殖决策的影响因素。将技术差距理论引入到生猪适度规模养殖决策研究中，拓展了技术差距理论的应用范围，验证了技术水平、污染治理压力、风险态度、生猪价格、经济效益、生猪政策、产业组织及其相关变量因素在生猪养殖户适度规模养殖决策中的有效性；发现生猪养殖户适度规模养殖决策主要基于生猪预期价格而非当期价格，与蛛网理论观点不一致；除市场价格风险外，发现污染治理压力、饲养技术风险、技术水平差距、疾病防治技术水平（合理用药）、快速育肥技术水平是选择适度规模养殖的促进因素，饲料选用与配比技术、粪污出售是阻碍因素，丰富了生猪养殖决策研究结论，弥补了现有从具体技术水平、具体养殖风险、污染治理压力微观层面研究之不足。

关键词：环境规制；生猪养殖户；适度规模养殖；养殖决策；影响因素

Abstract

The scale breeding of pigs is a growing trend in the development of pig industry in China. While meeting the growing demands for pork in urban and rural areas, it is also faced with many problems and challenges such as increasing environmental pressure, tightening resource constraints, intense international competition, persisting epidemic risks, relatively significant market fluctuation and low efficiency of breeding. In view of the above problems and challenges, scholars and current policies indicate that moderate scale breeding should be explored in the future. The "moderate breeding scale" of pig is a dynamic value, which should be tied to different regions, development periods and different major breeding bodies, according to the changes of subjective and objective conditions. Exploring moderate scale breeding is virtually to discuss the breeding scale decisions of pig – breeders. Because pig – breeders are bounded rational "economic man", this paper is to explore whether it requires a moderate scale of breeding, moderate scale breeding decision – making and its influential factors on the basis of assumptions of bounded rationality, independent decision – making and target diversity. This research is of great theoretical and practical significance.

This study selects pig – breeders of Sichuan province, a primary pig breeding province in China, as the research subjects. Based on the behavior decision theory, bounded rationality theory, economies of scale and environmental economics and against the current background of the implementation of strict environmental regulations, this study conducts a theoretical analysis of the need for moderate scale breeding, the moderate scale breeding interval, factors affecting pig – breeders' decision – making and how pig – breeders make decisions for moderate scale breeding under the environmental regulation. It also establishes a theoretical framework of identification of moderate scale breeding, measurement of moderate scale breeding, influential factors of decision – making on moderate scale breeding and moderate scale breeding. Ultimately, this study proposes hypotheses that pig - breeders' moderate breeding scale range will shrink against the background of the current environmental regulation and that decision - making for moderate scale breeding is influenced by both non - environmental and environmental regulatory factors and its interactive factors.

What's more, based on the review of the status quo of pig breeding in Sichuan province, using questionnaire survey data of 709 pig - breeders and adopting C - D production function and objective function, this study is intended to investigate the pig breeders' economic reward in Sichuan province, identify whether pig - breeders have to adopt moderate scale breeding and measure the moderate breeding scale in terms of economy, efficiency and ecology and so on. Furthermore, in order to test the hypothesis, econometric methods such as Probit and Logit models are applied to verify the impacts of the non - environmental regulatory factors (such as economic benefits, policies on live pigs, prices of live pigs, industrial organizations, attitudes to risks and technical levels) and environmental regulatory factors (pressure on pollution control) on pig - breeders' decision - making by using the questionnaire survey data of pig - breeders. Finally, to prove the above conclusions, four types of pig - breeders are selected from four regions of Sichuan province and case study method is used to analyze pig - breeders' decision - making and the relevant factors before and after the implementation of environmental regulation at the micro level.

Main research content and findings

(1) Measurement and evaluation of the moderate breeding scale of pig - breeders

Conclusion 1: Moderate scale breeding of pigs is needed in Sichuan province. There are significant differences in the moderate breeding scales obtained from multiple perspectives. The moderate breeding scale is small - medium. The cost of pollution control has become an important constraint for the breeding scale. Pig - breeders expect the breeding scale to be small and medium. Provided that the cost of pollution control is considered, it is found that the average breeding cost would rise from 732 500 yuan to 782 400 yuan in 2015, and that the average profit would fall from 244 900 yuan to 194 600 yuan. Empirical research shows that pig breeding in Sichuan province is characterized by the decreasing return from a large scale, and it is at the stage of economy not based on scale, indicating that moderate scale breeding is required. From the perspective of the maximization of the breeding profits, the breeding scale is from 650 to 800 pigs, 500 to 653 in hilly areas and 600 to 700 in plain areas, all of which is the medium scale; From the perspective of all - factor productivity, it is estimated that moderate breeding scale is about 118 heads per year which is also the medium scale. From the dimension of internalization of pollution control cost, the moderate breeding scale is from 55 to 75, 36 - 75 in hilly areas and 40 - 60 in plain areas respectively, all of which belong to small scale; From the perspective of the waste absorbing ability of land, moderate breeding scale of pigs is from 30 to 41, which belongs to the small scale. The above results answer the questions regarding whether pig - breeders need modest scale breeding and what the moderate breeding scale is. Besides, the results also confirm the research hypothesis that pig - breeders' moderate breeding scale will shrink against the background of the current environmental regulation.

(2) Determinants of pig - breeders' decision - making for moderate scale breeding

Conclusion 2: There are differences in pig - breeders' attitudes to risks, technical levels and pressure of pollution control. These factors and other relevant variables have a strong influence on the decision - making on moderate scale breeding.

Most pig - breeders are risk - averse and have an aversion to risks. There is much difference in their mastery of breeding techniques or skills, but they can deliver much help to pig breeding, most of whom adopt the mode of a combination of planting and breeding. In this way, it is easy to dispose pollutants but still difficult to meet the environmental standards. Empirical research shows that factors such as breeders' attitude to risks, technical levels, pressure of pollution control, risks of price fluctuation and breeding techniques, disease prevention and control (reasonable medication), rapid fattening, inspection from environmental protection departments, cognition of laws and regulations of environmental protection, whether to separate the dry from the wet and whether to make methane have positive influence on the decision - making for moderate scale breeding. However, variables such as whether to feed by themselves, feed selection and matching and whether to sell wastes have negative impacts on the decision - making for moderate scale breeding.

Conclusion 3: Pig - breeders' decision - making on moderate scale breeding is a comprehensive consideration of multiple factors, significantly influenced by various factors and their interactive force. Pig - breeders are somewhat blind and pessimistic about the decision making, and mainly motivated by profits. Lack of capital is one of the main factors that limit the scale of pig breeding. Technical levels, pollution control pressure, attitude to risks, prices of live pigs, economic benefits, policies and industrial organizations are the main factors for pig - breeders to consider adjusting the breeding scale. Empirical study shows that the economic efficiency, policy subsidies, industrial organization and the expected price of pigs have significant positive effects on the decision - making of pig - breeders regarding the moderate scale breeding. Current price of live pigs has a negative impact on the decision - making of pig - breeders regarding the moderate scale breeding, which is also impacted by the interactive force of the above variables, attitudes to risks, technical levels and pressure of pollution control. The above results answer the question about the factors that affect pig - breeders' decision - making for moderate scale breeding and prove the research hypothesis that decision - making for moderate scale breeding is influenced by both non - environmental regulatory factors and environmental regulatory ones.

(3) Case study of pig - breeders' decision - making for moderate scale breeding

Conclusion 4: There are significant changes in pig - breeders' decision - making on moderate scale breeding before and after the implementation of environmental regulations. And there are significant differences in cognition of scale breeding, evaluation of the moderate breeding scale, and the influencing factors of the decision - making for moderate scale breeding. Analysis of the cases shows that there are obvious differences in the decision - making of different types of pig - breeders regarding the breeding scale before the implementation of strict environmental regulations, and the factors affecting their decision - making are also different. After the implementation of environmental regulations, pig - breeders are under greater pressure of pollution control, which prevents them from expanding the breeding scale.

The decision – making for the breeding scale of pigs is mainly decided by the ability to dispose the pig manure, urine, sewage and other wastes, cost of pollution control and processing facilities. Pig – breeders are different in the breeding targets, the degree of participating in the industrial organization, the amount of subsidies granted, evaluation of live pig price, breeding technology levels or skills, preference for feeding risks and capacity of pollution control, which leads to their significant distinction of pig breeding awareness, evaluation of moderate breeding scale and influencing factors of the decision – making for moderate scale breeding. The above results answer the question about how to make decisions for moderate scale breeding under the environmental regulation.

Three Innovations of this paper

(1) The environmental regulatory factors are included in the analysis framework of pig – breeders' decision – making for the moderate scale breeding. Based on the perspective of environmental regulation, by the integration of limited rational theory, behavior decision theory, theory of economies of scale, theory of environmental economics and theory of environmental regulation, from the perspectives of environmental regulatory factors and non – environmental regulatory factors, this paper constructs an systematical analysis framework of pig – breeders' decision – making for the moderate scale breeding, puts forward non – environmental regulatory factors and environmental regulatory factors affecting pig – breeders' decision – making for moderate scale breeding, and improves the theoretical system of decision – making for pig breeding. It breaks through the limitations of existing researches over – emphasizing the influence of non – environmental regulation factors on pig scale breeding and focusing too much on the environmental regulation factors from the macroscopic view.

(2) This paper also measures the moderate breeding scale of pigs from the perspective of economy, efficiency, ecology and so on. While introducing the theory of economies of scale to moderate breeding scale of pigs, it expands the application of this theory. Moreover, the moderate breeding scale is measured from the perspective of the breeding profit, cost of pollution control and land absorption, which, on the one hand, avoids the limitations of measurement from a single perspective and thus improves the reliability of the measurement.

In this way, it also breaks through the limitations of existing evaluation based mainly on economic efficiency and measurement from the perspective of productivity, which heightens the scientific and guiding value for the pig - breeders making decisions on moderate scale breeding.

(3) This paper conducts an empirical study on the determinants of the decision - making of breeders. Technology gap theory is included in the research on the decision - making on the moderate scale breeding, which expands the application of the theory and prove the validity of technical level, pressure of pollution control, attitude to risk, live pig price, economic benefit, policy, industrial organization and other relevant variables in pig - breeders' decision - making on the moderate scale breeding. The study finds out that pig - breeders' decision - making for the moderate scale breeding is mainly based on the expected price of live pigs rather than the current price, which is inconsistent with the cobweb theory. In addition to the risk of market price, the study also shows that factors such as pressure of pollution control, risk of the breeding techniques, the gap between technical levels, disease prevention and control (appropriate use of drugs) and rapid fattening technique play an positive role in deciding on moderate scale breeding, while feeder selection and matching technique and waste - selling play an negative role. Furthermore, this study enriches the research findings of the decision - making for pig breeding and complements shortcomings of existing research focusing on micro aspects of the specific technical level, specific breeding risk and pressure of pollution control.

Key words: Environmental Regulation; Pig - breeders; Moderate scale breeding; Breeding decisions; Influential factors

目　　录

第1章 导 论

1.1 研究背景与意义

1.1.1 研究背景

随着近年来我国生猪生产结构的调整，扶持政策的实施，生猪产业得到了较快发展，已成为畜牧业中的重要支柱产业。改革开放至今，虽然我国生猪生产和价格历经了 1988 年、1994 年、1997 年、2004 年和 2007 年总共 5 次大的波动，但生猪生产整体呈持续上升态势，在价格波动中增长，生产和价格的周期波动给生猪市场带来较大的不稳定性。进入 2007 年以来生猪价格开始出现剧烈波动现象，大致经历了 2008 年 3 月、2011 年 9 月两个大的波峰，以及 2009 年 5 月、2010 年 4 月、2013 年 4 月、2014 年 4 月前后四个较大的波谷，不仅严重影响了生猪产业发展，给我国整体物价的稳定带来冲击，也使生猪养殖户的经济利益遭受较大损失。为抑制生猪价格波动，促进生猪规模化、标准化生产，稳定生猪市场供应，我国政府部门于 2007 年出台了一系列生猪扶持政策（表 1-1），在政策支持和带动下，全国规模化生猪养殖户的数量不断增加，养殖户的规模不断扩大，规模养殖日益成为未来主要发展趋势，生猪存栏与猪肉产量逐年递增，据国家统计局公布数据显示，2015 年年出栏 500 头以上的养殖户比重达 44%，全年我国生猪存出栏及猪肉产量分别达 4.511 亿头、7.083 亿头、0.548 7 亿吨，猪肉产量占全球猪肉总量的一半，位居世界第一猪肉生产国地位，占我国肉类总量的 64%，始终是肉类供给主体，保障了畜产品市场的有效供给。生猪扶持政策短期内取得了较好效果，带动了我国生猪养殖规模化发展，先进设施设备得到广泛推广应用，饲料转化率、生长速度、饲养周期和成活率、能繁母猪年提供育肥猪数量等综合生产能力显著增强，畜产品质量安全水平稳步提升，一二三产业融合发展的基础得到夯实。但与国外发达国家相比，我国生猪产业在生产环境、设施设备、疫病防控、生产效率（表 1-2）、养猪成本、要素价格、市场利润、人才配备、经营管理水平、价格波动等方面存在很大差距，突出表现在饲料、仔猪、人工等成本较高，产能过剩，生猪价格波动频繁，生猪养殖利润不稳，养殖户亏损惨重，养殖积极性受挫，加之受居民肉类消费升级、疫病风险持存、环境规制实施等诸多因素影响，大量非专业养殖户被迫退出生猪行业。

表 1-1　我国生猪养殖补贴政策

补贴政策	扶持方式	补助标准或形式	政策延续时间
重大疫病扑杀补贴	财政拨款	散户 640 元/头；规模化 480 元/头	2001 年至今
重大动物疫病强制免疫补助	财政拨款	疫苗费用补助	2004 年至今
基层动物防疫工作补助	财政拨款	村级防疫员劳务补助	2004—2016 年
能繁母猪补贴	财政拨款/总理基金	100 元/头	2007 年、2008 年、2009 年、2011 年、2012 年
标准化规模养殖扶持	财政拨款	20 万～80 万元/500～10 000 头	2007 年至今
畜禽良种补贴	财政拨款	10 元/份，猪精液	2007 年至今
生猪调出大县奖励	财政拨款	30 亿元/年	2007 年至今
生猪信贷支持政策	财政拨款	对担保机构的生猪贷款风险补助	2007 年至今
病死猪无害化处理补贴	财政拨款	80 /头	2011 年至今
育肥猪保险补贴	财政拨款	按中西、东地区分类补贴	2012 年至今
生猪目标价格保险补贴	财政拨款	根据各地试点情况确定	2014 年至今
种养业废弃物资源化利用支持政策	财政拨款	主体工程、设备（不包括配套管网及附属设施）及其运行补助	2015 年至今

资料来源：根据历年生猪政策文件内容整理所得。

表 1-2　2010—2020 年我国生猪生产效率变化情况

主要指标	2010 年	2014 年	2020 年
出栏率（%）	142	155	160
每头能繁母猪年产能（头）	13.7	14.8	19
育肥猪饲料转化率	2.9∶1	2.8∶1	2.7
生猪出栏日龄（天）	175	170	—
规模养殖户人均饲养育肥猪数量（头）	500	650	1 000
粪便综合利用率（%）	—	50	75

资料来源：《全国生猪生产发展规划（2016—2020 年）》、光华博思特消费大数据中心。

我国生猪规模化生产进程中，也面临着一系列问题，如规模结构变迁不科学、无序，生猪饲养技术推广与规模养殖不匹配，生猪生产效率不高，存在规模不经济，政策效果不明显、质量风险难以控制、食品安全问题频发等，使得生猪养殖面临着前所未有的挑战，突出表现在七方面：①环境压力增大。养殖污染治理重视程度不够，猪粪、尿液、废水及病死猪无害化处理程度不高，导致环境污染严重，随着国家对生态环保的重视，逐渐对生猪生产实施严格的环保政策（表1-3），势必增加生猪养殖主体的环保成本，其将面临着较大的环境管制压力。②生产要素约束趋紧。随着我国人口老龄化进程的加快、保护耕地和环保法规政策的实施，生猪养殖业贷款渠道变窄、融资困难等问题的加剧，我国生猪养殖将面临劳动力成本上涨、土地有限、饲料粮短缺、融资艰难、环保成本加大等养殖成本压力和生产要素约束问题，将阻碍生猪规模化生产的发展。③国际竞争加剧。我国生猪养殖成本、每千克增重、母猪年提供商品猪方面和美国、欧盟相比都处于弱势，随着进口猪肉的增加，我国以小规模分散养殖为主的生猪产业将面临强大的竞争对手。④疫病风险持续存在。口蹄疫、猪瘟、流行性腹泻、非洲猪瘟等疫病依然存在，疫病流行情况复杂多样，防控措施仍然有所欠缺。⑤市场价格波动大。由于我国生猪期货市场未建立、目标价格保险不成熟、生猪养殖规模小等原因，未来一段时间内，我国生猪市场价格波动仍呈周期性波动，市场风险较大。⑥生猪养殖效率不高。饲料粮资源、土地资源、水资源以及环境污染已成为制约我国生猪产业发展的主要因素，未来我国猪肉需要增长的满足只能依靠提高养殖效率、提高资源综合利用水平来实现。⑦散养户所占比重大。据《中国畜牧兽医年鉴》（2016）统计数据显示，2015年我国及四川生猪养殖户中散户分别占94.62%、95.84%①。

　　稳固生猪生产，保障生猪供应，促进养殖户增收，是短时期内亟待研究和解决的问题。在我国生猪产业从以数量增长为主快速转向提高质量、优化结构和增加效益的关键时期，中央连续在若干重要文件（例如历年的1号文件）、2015年中央农村经济工作会议、中央经济工作会议等中，提出要基于我国农业生产成本上升、财政补贴压力加大以及环境资源双重约束现状，转变农业传统发展方式，鼓励探索多种形式的适度规模经营，而我国生猪产业自1985年放开以来，已得到30多年发展，目前正在推进标准化规模养殖，在其规模化推进过程中，无疑也需要在国家政策引导下，鼓励各类型养殖户转变养殖方式，改变土地、资金、劳动力及技术等生产要素投入结构，结合自身实况，探索生猪适度规模养殖，促使创新成为驱动发展的新引擎，全面提升生产要素效率，加速生猪规模化发展进程，促进生猪产业可持续发展。

---

　　① 参照农业部对生猪养殖规模进行划分，散户是指年出栏数为1～49头的生猪养殖户。

表 1-3　国家和地方出台的部分相关畜禽环保政策法规

层面	政策法规	措施内容	实施时间
国家	《固体废物污染环境防治法》	养殖主体须按规定处理畜禽粪便	1996 年 4 月
国家	《畜禽养殖污染防治管理办法》	对畜禽养殖场、养殖小区的选址和污染物防治设施提出要求，对污染排放的处理方式、处理技术做出指导并列出监督惩罚措施	2001 年 5 月
国家	《畜禽养殖业污染排放标准》	规定了污染排放物无害化环境标准，根据不同畜禽养殖规模规定了各种污染排放物的最高排放浓度以及排放量等指标	2003 年 1 月
国家	《循环经济促进法》	综合利用畜禽粪便开发沼气等生物能源，废弃物资源化	2009 年 1 月
国家	《农业法》	养殖主体须对排放的粪便和废水进行综合利用和无害化处理	2012 年修订
国家	《清洁生产促进法》	畜禽养殖主体须提高废弃物利用率	2012 年 7 月
国家	《畜禽规模养殖污染防治条例》	对粪便污水无害化等做出相关规定，指出综合利用作为解决畜禽养殖废弃物污染问题的根本途径等	2014 年 1 月
国家	《国务院办公厅关于建立病死畜禽无害化处理机制的意见》	推进病死畜禽无害化处理机制建设、确保病死畜禽基本实现无害化处理等	2014 年 11 月
国家	新《中华人民共和国环境保护法》	建设项目中的防治污染设施，应当与主体工程同时设计、同时施工、同时投产使用等	2015 年 1 月
国家	新《中华人民共和国畜牧法》	明确了养殖主体污染防治责任	2015 年 4 月
国家	《水污染防治行动计划》	2020 年全国水环境质量得到阶段性改善	2015 年 4 月
国家	《动物防疫法》	动物染疫及排泄物需养殖户净化处理	2015 年 4 月
国家	《关于打好农业面源污染防治攻坚战的实施意见》	规模畜禽养殖场（小区）配套建设废弃物处理设施比例达 75％以上	2015 年 4 月
国家	《全国农业可持续发展规划（2015—2030 年）》	划定禁养区、限养区，畜禽粪污资源化利用，病死畜禽无害化治理等	2015 年 5 月
国家	《关于配合做好畜禽养殖禁养区划定工作的通知》	做好全国及各地方禁养区划定工作等	2015 年 8 月
国家	《关于促进南方水网地区生猪养殖布局调整优化的指导意见》	生猪规模养殖场粪便处理设施配套比例达到 85％以上，生猪粪便综合利用率 75％以上	2015 年 11 月
国家	2016 年 1 号文件	根据环境容量调整区域养殖布局，优化畜禽养殖结构	2016 年 1 月
国家	《大气污染防治法》	养殖主体需负责处理畜禽污染排放物，控制恶臭排放	2016 年 1 月

（续）

层面	政策法规	措施内容	实施时间
国家	《全国生猪生产发展规划》	将全国划分为重点发展区、约束发展区、潜力增长区和适度发展区4个区域，引导各地发挥区域比较优势，促进生猪产业持续健康发展	2016年4月
国家	《关于促进南方水网地区生猪养殖转型升级的实施指导意见》	争取到2020年，南方水网地区生猪规模养殖比重达到70%以上，生猪粪污综合利用率达到75%以上	2016年8月
国家	《关于推进农业废弃物资源化利用试点的方案》	试点县规模养殖场配套建设粪污处理设施比例达80%左右，畜禽粪污基本资源化利用	2016年8月
国家	《全国农业现代化规划（2016—2020年）》	养殖废弃物综合利用率达到75%	2016年10月
国家	《"十三五"生态环境保护规划》	推进畜禽养殖污染防治，划定禁养区，依法关闭或搬迁禁养区内的各养殖主体	2016年11月
国家	《关于加快推进畜禽养殖废弃物资源化利用的意见》	全国畜禽粪污综合利用率达75%以上，规模养殖场粪污处理设施装备配套率达95%以上	2017年6
国家	《水污染防治法》修订	畜禽散养密集区所在地县、乡级人民政府须组织对畜禽粪便和污水进行分户收集和集中处理利用	2018年1月
四川	《关于贯通落实环境保护法加强畜禽养殖污染防治工作的建议》	新建、改建、扩建畜禽养殖场必须进行环评	2015年5月
甘肃	《全省2015年主要污染物总量减排计划》	推进规模化畜禽养殖污染治理工程和环境监管建设	2015年6月
内蒙古	《内蒙古自治区畜禽养殖主要污染物减排项目建设技术指南（试行）》	重点治理畜禽养殖场（小区）污染等	2014年4月
黑龙江	《关于建立病死畜禽无害化处理机制的实施意见》、《黑龙江省水污染防治工作方案》	开展畜禽养殖区域划分、推广畜禽养殖污染防治技术生态养殖、明确规定生猪标准化规模养殖场改扩建项目资金中的20%用于粪污治理等	2015年10月
吉林	《关于加强生态环境管理提升生态环境质量的指导意见》	推进畜牧业发展统筹规划、畜禽养殖区域合理布局、畜禽粪污无害化处理和资源化利用等	2016年4月
辽宁	《辽宁省水污染防治工作方案》、《辽宁省畜禽禁养区划定技术指南》	实施县、乡村、规模场三级联动，开展病死动物无害化处理物循环利用等	2015年10月

（续）

层面	政策法规	措施内容	实施时间
天津	《天津市畜禽养殖管理办法》、《天津市水污染防治条例》	管控和利用养殖污染物	2006 年 6 月
河北	《农业面源污染治理（2015—2018 年）行动计划》	2018 年无害化处理病死畜禽达 100%、75% 以上备案的规模养殖场配建粪污处理设施等	2015 年 7 月
山西	《2015 年主要污染物总量减排计划的通知》	开展畜禽排泄物资源化利用、严控污染物排放	2015 年 6 月
山东	山东省畜禽养殖业污染物排放标准（DB37/534—2005）、《山东省畜禽养殖粪污处理利用实施方案》、《山东省环境保护大检查实施方案》	制定畜禽养殖区域布局规划、安排 3 500 万进行治理试点等	2014 年 4 月
湖北	《湖北省畜牧条例》	优化畜牧业区域布局、55% 以上的规模化养殖场要设立专门的废弃物处理设施、推进畜禽粪污资源化利用等	2015 年 2 月
安徽	《安徽省水污染防治工作方案》、《关于促进畜禽养殖废弃物综合利用加强污染防治工作的意见》	全省开展污染减排核查、畜禽养殖禁养区划定等	2016 年 2 月
浙江	《浙江省畜禽养殖污染防治办法》、提出畜禽养殖污染治理"三个一律"要求	明确禁养区和肆意乱扔死猪的最高罚款金额、明确渎职将受到行政处分等	2015 年 7 月
湖南	湖南省贯彻落实《水污染防治行动计划》实施方案（2016—2020 年）、《生猪规模养殖场防疫管理办法》	制定"禁养区"、"限养区"规划等	2015 年 12 月
福建	《关于进一步加强生猪养殖面源污染防治工作六条措施的通知》、《水污染防治行动计划工作方案》	明确污染整治的时间表和路线图、生猪出栏总量控制在 2 000 万头以内	2014 年 8 月
广东	《广东省畜禽养殖业污染物排放标准》、《关于建立病死畜禽无害化处理机制的实施意见》	开展病死畜禽无害化处理场建设、病死畜禽无害化处理体系试点建设等	2014 年 6 月
广西	《广西畜禽规模养殖污染防治工作方案》	畜禽规模养殖废弃物"减量化、无害化"处理、推广生态养殖	2016 年 3 月
江西	《高床节水育肥猪舍设计技术规程》	开展高床无污水生态养猪试点示范	2016 年 6 月

资料来源：根据农业部及其他省农业厅网站收集整理所得。

1.1.2 问题提出

针对我国生猪产业中面临的问题与挑战，胡浩（2004）、杜丹清（2009）、刘春芳和王济民（2010）、吴敬学和沈银书（2012）等指出我国未来在生猪规模养殖发展过程中，应探索生猪适度规模养殖。原由有四点：一是环境规制约束。规模不适会造成环境污染问题，随着国家对生猪养殖污染问题的重视，实施严格环境规制政策会增加生猪养殖主体污染治理成本，规模养殖优势可能会消失；二是生产要素约束。随着养殖主体自身资源禀赋约束趋紧，将会制约其生猪养殖规模扩大；三是由规模经济理论可知，当生产要素投入超过极限，继续增加投入扩大养殖规模会导致总成本上升，引起规模不经济和生产效率低下；四是规模化程度不高。我国生猪养殖主体中，散养户所占比重还较大，加之疫病风险持续存在、市场价格波动大，未来这些主体选择适度规模养殖的可能性较大。

相关研究也验证了生产规模和效率之间存在负向关系（Bardhan，1973；Binswanger et al.，1995；Chavas J. P. et al.，2005；罗必良，2000；卫新等，2003；高梦滔和张颖，2006；闫振宇和徐家鹏，2012），即扩大生产规模不一定存在规模经济，所以生猪养殖需要适度规模。生猪"适度养殖规模"是动态值，在不同地区、发展时期及养殖主体之间，应随着主客观条件的变化而变化。探索生猪适度规模养殖实质是探讨养殖户养殖规模决策问题，因养殖户是有限理性"经济人"，需要基于有限理性、决策独立且目标多元前提假设，重点探讨其是否需要适度规模养殖、适度养殖规模区间、适度规模养殖决策及影响因素。

生猪养殖户作为有限理性"经济人"，生猪养殖以获得经济效益为主要目标，其会基于养殖经济效益调整养殖规模，其现实中是否需要适度规模养殖？适度养殖规模区间为多少？其实际养殖规模是否达到适度养殖规模？现实中如何进行适度规模养殖决策？影响其适度规模养殖决策的因素有哪些？如何实现适度规模养殖？基于以上问题，本书借鉴已有相关研究，以生猪养殖户为研究对象，以行为决策理论、有限理性理论、规模经济理论、环境经济学理论、规制经济学理论为支撑，对生猪养殖户适度规模养殖决策理论分析，构建整体研究框架，提出研究假说；其次利用四川生猪养殖户问卷调查数据，对四川生猪养殖户养殖现状进行分析，构建生猪规模养殖报酬估计模型，估算四川生猪养殖是否存在规模经济，是否需要适度规模养殖，在此基础上结合国家当前环境规制和耕地保护政策,从养殖利润、生产效率、污染治理成本、土地消纳能力方面对生猪适度养殖规模进行测度及评判;最后,根据研究假说,利用四川生猪养殖户问卷调查数据,选用 Probit、Logit 等计量方法,验证非环境规制因素(经济效益、生猪政策、生猪价格、产业组织、风险态度、技术水平)与环境规制因素(污染治理压力)对养殖户适度规模养殖决策的影响。之所以选择上述因素进行验证,主要基于五方面考虑:一是大量生猪散户退出后,中小规模生猪养殖户会大量存在,其发展成为大规模生猪养殖场还需一段时间,目前其在生猪饲养技术水平、抗饲养风险、污染治理方面相对大型标准化规模养殖场处于劣势,未来其选择适度规模养殖将成为可能;二是生猪养殖户养殖过程中,虽种养结合,但不能完全消耗掉猪粪、尿液、废水等,加之《中华人民共和国环境保护法》(2015 年 1 月 1 日起施行)、《畜禽规模养殖污染防治条例》(2014 年 1 月 1 日起施行)、《水污染防治行动计划》(2015 年 4 月起施行)等环境规制的实施,政府主管部门惩罚环境污染的力度加大,生猪养殖户会面临较大的环境治理压力,治理压力和治理成本会迫使养殖户必须考虑调整生猪养殖规模;三是我国生猪养殖户抗风险能力还有限,风险发生时易造成较大损失,为了规避风险,降低损失,作为有限理性"经济人"的生猪养殖户未来选择适度规模养殖将成为可能;四是我国生猪养殖户掌握的养殖技术或技能还不高,获取技术推广或养殖技能的渠道、信息、机会有限,从养殖技术支撑角度来看,技术水平或技能差距可能迫使生猪养殖户选择适度规模养殖;五是目前已有关于生猪生产决策的研究主要集中在非农就业视角(汤颖梅,2012)、政府规制视角(王海涛,2012)、产业链组织视角(王瑜,2008)、面源污染视角(张晖,2010),而从非环境规制因素(经济效益、生猪政策、生猪价格、产业组织、风险态度、技术水平)与环境规制因素(污染治理压力)方面,更科学系统角度研究生猪养殖户适度规模养殖决策的还鲜有。

1.1.3 研究意义

(1)理论意义。本书在当前我国生猪产业转型升级及实施严格的环境规制背景下,在总结前人已有的相关研究成果的基础上,尝试结合环境经济学来考察生猪适度规模养殖决策问题的研究,从环境规制因素与非环境规制因素角度切入,以行为决策理论、有限理性理论、规模经济理论、环境经济学理论、规制经济学理论为支撑,系统构建了生猪养殖户适度规模养殖决策理论分析框架,验证了生猪养殖户适度规模养殖决策的影响因素。另一方面将规模经济理论引入到生猪规模养殖决策研究中，验证了生猪养殖户养殖存在规模报酬递减，需适度规模养殖，并从养殖经济效益、生产效率、污染治理成本、土地消纳能力视角测度出了适度养殖规模区间。这些研究在一定程度上健全和完善了我国生猪养殖决策的理论和方法，丰富了生猪生产经营理论研究。

（2）实践意义。本书在有限理性理论、行为决策理论、规模经济理论、环境经济学理论、规制经济学理论分析的基础上，构建了整体研究框架，提出研究假说，以四川生猪养殖户为研究对象，根据研究假说，选用养殖户问卷调查数据，实证分析得出四川生猪养殖存在规模不经济，需要适度规模养殖，测度出适度规模养殖区间，明晰了影响养殖户适度规模养殖决策的因素，提出了政策或对策启示。本书研究结果不仅为四川乃至全国政府部门制定切实可行的生猪政策提供了科学的实证依据和政策参考，对四川各地生猪养殖户、家庭农场等微观主体确定合理的生猪养殖规模，进行适度养殖规模决策提供指导和参考，对其他省份乃至全国推进生猪规模养殖也有很强的指导意义。

1.2　文献综述

1.2.1　生猪适度养殖规模测度研究

通过文献梳理可知，生猪养殖规模的扩大存在一个"度"，随着生猪养殖规模不断扩大会出现规模报酬递减现象（Galanopoulos et al.，2006）。目前关于生猪适度养殖规模测度已有研究主要集中在生产效率、经济效益视角测度方面，而从污染治理成本、土地消纳能力视角测算养殖户适度养殖规模研究方面鲜有，具体如下：

（1）生产效率、经济效益测度方面。目前已有研究主要从生产效率、经济效益评价方面构建函数，利用调查数据和统计年鉴数据实证测度最优养殖规模，并提出对策建议。如孙世民（2008）、杜丹清（2009）、李明等（2012）指出应鼓励发展生猪规模养殖，而何晓红和马月辉（2007）认为生猪养殖规模并不是越大越好，在最优养殖规模方面，张喜才和张利痒（2010）认为中小型规模的生猪养殖将会是最大业态，并推崇适度养殖为具有中国特色的现代组织形态。张晓辉等（2006）则认为年出栏在 31～100 头之间的规模（即中等规模），其效益是最佳的。闫振宇和徐家鹏（2012）通过运用 DEA 方法测算了 2002—2009 年间我国东、中、西部地区 29 个省（市）生猪散养、小、中、大规模养殖方式的生产效率，得出养殖规模与效率之间并不完全呈正相关，最优养殖规模会受各地区多种因素影响，比如经济水平、资源禀赋情况、地理形态等。张立中等（2012）选择运用边际分析的方法测算了羊、牛最佳养殖规模。闫振宇等（2012）从生产效率视角测算了我国四种生猪饲养模式下的最优养殖规模。王德鑫等（2015）将"非期望"产出纳入生猪产出中，采用 Malmquist-Luenberger 生产率指数法测算 2006—2013 年环境规制下我国规模化生猪的生产效率，发现我国区域生猪生产效率高对应下的养殖规模不是最优的，各区域应基于当地自身发展条件，选择适度养殖规模。

生猪最优养殖规模测度方面，如闫振宇和徐家鹏（2012）从生产效率视角测算，得出内蒙古、四川、贵州、陕西省最优养殖规模为中规模。Megan Stubbs & Coordinator、Cees de Haan（2013）研究发现公众健康和环境保护对农业生产和畜禽养殖有约束作用，若从上述两因素考虑，农业生产和畜禽养殖规模才会达到适度。姚於康等（2014）通过对江苏省生猪养殖农户进行抽样调查，并从设施、技术需求、成本收益等方面对比四种生猪饲养模式，得出江苏省农户适合选择小规模饲养，适度养殖规模为年出栏 300～500 头。潘志峰和吴海涛（2014）采用 2013 年对湖北省、江西省 301 家规模化养殖户的实地调研数据，运用 C-D 生产函数计算全要素生产率（TFP），并构建 TFP 和养殖规模二者的函数，测算出最优规模为 840 头/年。陈双庆（2014）选用柯布—道格拉斯生产函数，构建养猪企业生猪出栏量函数和利润目标函数，运用最小二乘法对目标利润函数系数进行估计，利用调查数据测算母猪、生猪最优存出栏量。田文勇等（2016）从全要素生产率角度测度四川生猪养殖户适度养殖规模，发现中规模最佳。

（2）污染治理成本测度方面。生猪规模养殖给养殖主体带来经济效益，也污染了环境（Kilbride A. L. et al.，2012），为控制废弃物对环境污染的影响，发达国家已逐步控制生猪养殖规模。由于市场失灵或无效率、污染治理成本较高、环境规制不完善，养殖户往往只注重生猪养殖的自身收益，不支付或少支付环境污染治理成本，并倾向于尽可能地扩大养殖规模，其产生的废弃物导致污染问题，2013 年黄浦江死猪事件就是最好的例证。相关研究表明，若养殖成本中包括环境污染治理成本，大规模养殖户将不再具备成本优势（Sullivan J. et al.，2000；Xinyu P. & Yanjun C.，2011），也直接影响到养殖户养殖规模的选择（Peng & Cheng，2011），当养殖户承担的环境污染治理成本上升到一定程度时，其将自觉降低养殖规模与产量，并通过合理配置要素间的投入，以控制生猪养殖造成的环境污染，从而降低生猪养殖成本（Larue &

Latruffe，2008）。而生猪规模养殖产生的环境污染问题，属于典型的外部性问题（Cole D. et al.，2000；Campagnolo ER et al.，2002），解决污染问题需要将环境污染治理成本内部化，完善环境规制，其是养殖场（户）发生环境成本的前提条件，也需鼓励养殖主体利用自有资金、政府激励补贴，加大环保投资，参与污染治理。基于污染治理成本测度的研究很少，仅有吴林海等（2015）基于污染治理成本视角对江苏省阜宁县生猪养殖户适度养殖规模进行测度。

（3）土地消纳能力测度方面。目前相关研究主要集中在对某一区域内畜禽粪便农田负荷量测算及风险评价方面，如段勇等（2007）估算、评价了闽江流域各县市的畜禽污染物产生量、农田畜禽粪便负荷量及潜在的环境风险；武兰芳和欧阳竹（2009）逐级测算了德州市禹城区农田土壤承载畜禽粪便量，并确定该区域内农田畜禽承载量及承载力；陈天宝等（2012）设计建立了农区耕地畜禽承载能力评估数学模型（N-LSCM），并对四川农区做了实例分析；涂远璐等（2012）针对不同作物种植模式、秸秆营养特点、作物需肥量及畜禽营养需求量和排放量，定义了单位面积土地消纳畜禽粪便能力和提供畜禽饲料能力的家畜标准单位；孟岑等（2013）测算了长沙县区域内畜禽养殖业的环境承载力，发现耕地氮（N）磷（P）均超标，畜禽养殖密度过高是主因。董晓霞等（2014）研究发现 2000—2011 年北京市各城市功能区的牛（奶牛、肉牛）粪便污染最严重。冯爱萍等（2015）运用畜禽养殖密度、粪便 TN、TP 耕地负荷指标，评估了东北三省 192 个县 2000 年、2005 年、2010 年不同尺度（省、县和流域）下畜禽养殖的潜在环境风险；兰勇等（2015）基于土壤表观养分平衡理论，估算了湖南省各地单位耕地面积环境适宜负荷量等，发现城镇地区的规模化畜禽养殖对耕地生态污染程度最为严重；杨军香等（2016）以山东省2012 年生猪统计数据和主要种植作物产量及氮磷需求量为例，确定了不同种植模式下单位面积土地消纳畜禽粪污的能力和载畜量及单位养殖规模需匹配的农田面积。鲁银梭和吴伟光（2017）基于环境规制实施背景下，对浙江省如何保持生猪养殖与环境承载之间的平衡进行了探讨。冷碧滨等（2018）对我国生猪大规模养殖环境承载力进行评价研究，发现我国生猪规模养殖环境承载力综合指数与我国经济发展和自然供给能力呈同向变化，治理部门应做好综合规划治理，构建兼顾经济与环保的生猪生态养殖系统。

1.2.2　生猪养殖规模影响因素研究

通过文献梳理可知，影响国内外生猪养殖规模的因素较多，国外生猪养殖规模较大，主要由生产要素（土地、劳动力、技术水平）、养殖成本及其规模成本优势、管理水平与专业化程度等微观因素导致，因素众多且复杂，概括起来有九种宏微观因素，具体如下：

（1）国外生猪养殖规模研究。概括起来主要由生产要素（土地、劳动力、技术水平）、养殖成本及其规模成本优势、管理水平与专业化程度、当地宏观背景（社会、生态、经济状况、生产力、载畜率）等宏微观因素导致。如Brewer C. 等（1998）对美国5个不同地区的生猪养殖成本进行比较，发现人工成本、饲料成本及其他可测算的成本有所差异，提出生猪养殖要考虑各地区的实际。Mosheim（2009）指出规模成本优势是影响美国畜牧转向大型专业化养殖场的关键。Van Ouwerkerk E 等（2004）对美国两个农场养殖规模比较研究后，发现当地的社会、生态、经济状况均影响农场规模。MacDonald 等（2007）指出技术水平及地区差异是影响养殖规模产量的重要因素。MacDonald JM & Mcbride WD（2009）通过对美国生猪规模化发展演变进行研究，指出由于采用先进的养殖技术和管理方式，提高了饲料的转化率使美国畜牧业具有成本优势。O'Donnell S 等（2011）研究得出土地和劳动力这两大投入要素是影响养殖规模的主要因素。Kelly 等（2013）研究了爱尔兰奶牛场的最佳养殖规模，发现最佳养殖规模受土地、劳动力、奶牛生产配额、载畜率、专业化程度、生产力、管理水平等因素影响。

（2）国内生猪养殖规模研究。国内的研究主要集中在生猪养殖规模化的决定因素和养殖规模扩大意愿的影响因素方面。如王会和王奇（2011）研究表明不同地区的生猪规模经济差异显著，主要取决于养殖经济效益、环境承载力、环境规制、市场价格等因素影响。李作稳等（2012）研究表明小额信贷对于生猪养殖具有显著的促进作用，小额信贷对农户养殖业的影响较大，明显高于正规金融机构和民间借贷。王海涛和王凯（2012）研究表明养猪户安全生产目标是影响其安全生产决策行为的主要因素，其安全生产行为受其安全生产意向的直接影响，其次才是产业链组织治理、政府规制。汤颖梅等（2013）研究显示农户生猪生产决策主要受非农就业收入、受教育水平及家庭劳动力状况的影响。周晶和陈玉萍（2014）研究发现技术进步、规模经济效益、财政支持政策是影响生猪规模化养殖的主要因素。内江市畜牧局（2014）通过对生猪养殖场（户）、养殖专业合作社和生猪屠宰加工企业走访调研，发现在影响生猪养殖业主从业信心的诸多因素中，生猪价格因素首当其冲，其次分别是资金、养殖场用地、动物疫情、劳动力、技术等因素。张园园等（2015）研究表明专业化程度、决策者文化程度、养猪前景判断、横向合作程度、规模养殖态度、政府宣传推广、养猪风险敏感度和产地特征显著影响养猪户扩大养殖规模的意愿。胡小平和高洪洋（2015）研究表明构成生猪规模化养殖趋势的内在及外在原因是规模养殖具有成本优势、养殖技术的进步、饲料粮供给充足以及政府政策倾斜照顾。侯国庆和马骥（2017）通过研究环境规制对我国蛋鸡规模化养殖的影响，发现环境规制对畜禽养殖大户的经营规模具有显著的正向影响，对小规模农户养殖规模的负向影响并不显著，环境规制与畜禽规模化养殖具有实现双赢的有利条件，而王欢和乔娟（2017）从经济学视角对我国生猪生产布局变迁进行研究，发现环境规制对本地区生猪生产有抑制作用。王刚毅等（2018）研究发现我国生猪养殖资本化对生猪价格具有显著的稳定作用，且呈明显的区域和规模差异，其中中小规模资本养殖平抑价格波动明显。

通过文献梳理，影响养殖主体生猪养殖规模的因素大致分别是：①生产成本及收益，包括比较效益、劳动生产率、养殖成本与收益、养殖利润等（Hermesch et al.，2014；何郑涛，2016）；②价格波动，生猪、猪肉及饲料价格波动较大，其中最佳养殖规模量随着生猪市场价格波动而变化；③养殖主体自身素质，如文化程度、决策理性程度、风险偏好、养殖经验、劳动者生产积极性等（Garforth et al.，2013）；④生产要素充裕程度，如养殖主体资金、劳动力、土地充裕及饲料资源获得便捷程度等；⑤技术进步，包括生产管理技术、养殖技术、品种、饲料配方、疫病防控等方面技术进步（马成林和周德翼，2014）；⑥政府规制，如2007年以来国家实施一系列生猪扶持政策和环境规制的影响，当地政府政策目标函数不同，最佳养殖规模量也将随之改变（许彪等，2015）；⑦产业组织及治理，如生猪养殖户是否加入合作社、公司等产业组织，专业化程度、横向合作程度及饲料加工业发育情况及产业有序性等（孙世民等，2012；闵继胜和周力，2014；赵伟峰等，2016）；⑧产地特征，如交通条件、区位因素、当地环境承载力等；⑨人口增长与社会经济发展，如城乡猪肉消费、粮食增产等因素影响。

1.2.3 生猪规模养殖决策相关研究

鉴于本书主要研究内容，着重梳理生猪养殖技术、养殖风险、养殖污染治理研究现状及其对生猪养殖户规模养殖决策影响相关方面的文献，为本书"养殖户适度规模养殖决策影响因素分析"、"养殖户适度规模养殖决策案例分析"研究提供支撑与借鉴。

1.2.3.1　生猪规模养殖决策影响因素研究

通过梳理现有文献可知，影响养殖户养殖决策行为的因素较多，养殖户作为理性决策主体，养殖决策会考虑多种因素后做出的符合其利益最大化的理性选择。微观层面虞祎（2012）指出养殖户以私人效用最大化为目标，能否带来直接的经济效益是养殖户生产决策的根本原因，除此以外相关研究表明如经济压力、风险态度、机会成本（朱宁和秦富，2014）、无害化处理补贴政策（姚志和谢云，2016）、生态补偿（张郁等，2015）也会显著影响养殖决策。其他相关研究表明性别、年龄、受教育年限等变量会影响农户的认知，进而对其生产决策产生影响（Kourouxou et al.，2005；Bernath & Roschewitz，2008；邱红和许鸣，2009；裴厦等，2011；Poudel，2009；孙世民等，2012）。除此之外，徐鲜梅（2013）研究表明养猪户的习惯性、职业性、经营方式、猪业属性和市场特性等决定了其市场选择行为。而何如海等（2013）、周力和薛苹绮（2014）、张园园等（2014）、吴学兵和乔娟（2014）、朱金贺和赵瑞莹（2014）、吴林海和谢旭燕（2015）、彭代彦和文乐（2016）、王建华等（2016）研究表明养猪年限、行为态度、政策认知、养殖模式、专业化程度（养猪收入占比）、生猪销售难易程度、养猪投入人数、技术获取方式、养殖规模、仔猪来源渠道等导致养殖主体养殖行为产生差异。黄季焜和 Rozelle Scott（1993）、李作稳等（2012）研究表明家庭年收入、非农收入影响农户的风险承担能力和农业生产决策行为，小额信贷带动了农户从事畜禽养殖，其中对生猪养殖的带动较明显，其比正规金融机构和民间借贷带动效果好。

1.2.3.2　生猪饲养技术相关研究

通过文献梳理可知，养殖户养殖技术更新缓慢，新技术带来较好效果，影响采用新养殖技术的因素较多，饲养技术及技术进步是推动生猪规模养殖的主要因素之一。目前生猪饲养技术研究，主要聚焦在以下三方面：

（1）技术效率。目前主要基于国家各种历年统计年鉴中的生猪数据，运用DEA、SFA、Malmquist 指数方法测算生猪生产技术效率，分析影响效率的因素。如韩洪云和舒朗山（2010）、王明利和李威夷（2011）、潘国言等（2011）、张园园等（2012）、闫振宇等（2012）对我国及各省域的生猪生产技术效率进行测算，得出：我国生猪总体生产技术效率较高，技术效率存在地域差异，不同饲养方式在利用先进养殖技术方面存在显著差异，其中大规模在高效利用技术方面优势明显，而养殖技术更新缓慢、技术推广的有效程度低是制约散养、小规模、中规模养殖生产率增长的关键因素，技术效率优势是生猪规模养殖的内在动力，其优势通过生猪物化成本、能耗、人工成本指标来体现，要素投入对生猪生产效率影响最大，如饲料投入，其次是用工数量。而 Yang C. C.（2009）运用数据包络分析方法（DEA）测度了台湾生猪的生产效率（PE）、环境效率（EE）及其影响因素。左永彦（2017）利用生猪专业户和养殖场两种养殖类型调查数据，构建了 FWML 指数，对两种类型养殖户的全要素生产率增长及其影响因素进行测度与分析。

（2）技术进步。目前国内外学者主要基于国家各种历年统计年鉴中的生猪数据，主要运用 C-D 生产函数、超越对数生产函数、DEA、Malmquist 等计量方法对我国及各省份不同饲养规模生猪生产的技术进步进行测算，对测算结果进行对比分析。饲养技术主要包括精细管理技术及其配套的医疗防疫技术、饲料加工配合技术，这些技术主要通过饲养天数、平均日增重、饲料转化率与净利润指标来体现生猪饲养技术的进步。MacDonald & McBride（2009）研究指出生产技术进步、精细管理技术、配套实体技术是支撑美国生猪规模养殖的重要要素。国内如廖翼和周发明（2012）、周晶和陈玉萍（2014）、马成林和周德翼（2014）、王德鑫等（2015）研究结果印证了国外研究结论，即技术进步也是我国生猪规模化发展的重要主要影响因素，其中养殖规模与技术进步呈正相关，规模越大越有利于生猪养殖技术进步。左永彦和冯兰刚（2017）基于面板数据，分别使用 SML 指数、空间自相关及空间 β 收敛分析方法对环境约束下生猪规模养殖全要素生产率的时空分异趋势及收敛性进行分析，发现技术进步是推动生猪规模养殖全要素生产率提高的主因。

（3）技术采用。在生猪饲养技术采用方面，主要运用微观调查数据，运用计量方法对其技术采用的意愿、影响因素进行实证分析。目前针对生猪饲养技术采用行为进行研究的相对不多，研究表明，生猪饲养环节采用优质安全饲养技术是猪肉质量安全的保障（孙世民，2006）。通过文献查阅可知，目前技术采用研究主要集中在技术采用现状及影响因素方面，如方松海等（2005）调查结果表明我国西部地区虽然仅有少数农户更新养殖业品种、变革养殖技术，但其对新品种、技术变革带来的投入产出效果明显较认可。关于技术采纳行为因素研究方面，方松海和孔祥智（2005）、彭新宇（2007）、靳淑平（2011）研究表明养殖规模小、对技术不敏感、技术认知程度低、资金和技术指导制约、是否加入专合组织是未采用新养殖技术的主因，而个人变量（性别、年龄、受教育程度）、距市场距离远、经济状况差、技术使用成本和风险、养殖专业化程度、劳动力投入数量、补贴额度是影响采纳新养殖技术的显著因素。

1.2.3.3 生猪养殖风险相关研究

通过文献梳理可知，目前生猪饲养风险研究主要集中在疫病风险、市场风险方面，具体如下：

（1）疫病风险。疫病是制约生猪产业发展的根本原因，无论饲养规模大小，疫病风险都不可避免，风险成本主要体现在养殖过程中死亡损失费用。猪丹毒、猪肺疫、猪水泡病等疾病的发生，会给生猪养殖业造成重大冲击，部分养殖场（户）甚至破产，退出行业。目前国外已有研究，主要聚焦在疫病风险认知和测算方面，如下：

一是风险认知方面。如农户的风险意识与农业生产的特征紧密相关，具体包括：生产规模、生产类型（种植或养殖）、品种、销售渠道、最终呈现的农产品的产品特性等。Boggess 等（1985）指出畜禽产品的价格、天气变化、病虫害和投入成本是养殖业的主要风险。Barnes & Islam（2013）通过调研发现苏格兰的奶牛养殖户将气候变化所带来的风险和养殖业所造成的温室气体排放看做是畜牧业风险的重要组成部分；Flaten 等（2005）通过研究荷兰奶牛养殖户，发现价格风险和疫病风险是当地养殖户面临的主要风险。Shreve 等（1995）研究发现当生产要素投入超过一定的限度，不能再增加要素投入，原因是规模集中，易产生疫病传播风险，导致仔猪死亡等。Gilchrist M. J. 等（2007）研究指出畜禽饲养密度过大会提高潜在微生物在动物群体间的传播。Kilbride A. L. 等（2012）对英国 112 个大型商业生猪养殖场调查研究发现，由于疾病的传播，仔猪死亡率已高达 12%。

二是风险测算方面。如 Schlosser W. & Ebel E.（2001）利用以往的历史数据，运用蒙特卡洛模拟法预测了 Z 病的爆发情况，Goldbach S. G. & Alban L.（2006）运用此方法对荷兰猪肉生产中沙门氏菌进行测算与评估。国内对疫病风险的研究较少，主要有吴春艳等（2006）、李静等（2006）、王靖飞等（2009）运用专家打分法、层次分析法评估了我国疫病风险。张跃华等（2010）研究发现生猪养殖规模与生物安全风险成反比。闫丽君和陶建平（2014）评估了我国生猪年疫病灾害损失（死亡数），10 年、20 年、50 年及 100 年一遇时的灾害损失（死亡数）。

（2）市场风险。目前国外学者对农产品价格波动和周期理论探讨的较多（Ezekiel，1938；Coase & Fowler，1937；Nerlove，1958），如 Harlow（1960）较早将蛛网模型引入到生猪周期，分析了生猪屠宰量与价格之间的关系，Futrell & Grimes（1989）研究了生猪生产与市场价格的相互关系，Robin D'Arcy & Gary Storey（2000）预测了未来生猪价格，认为未来生猪生产主要受玉米价格和饲料比等影响，Parcell（2003）以美国生猪市场为例，得出猪肉价格存在明显的波动周期，受供需影响较大。国内对生猪市场风险研究的比较晚，如綦颖和宋连喜（2006）指出生猪价格周期中，不同状态下的特点、变化规律、诱发因素及波动方向和幅度。毛学峰和曾寅初（2008）认为，生猪价格的上涨和下跌具有明显的周期性，但是仔猪和出栏猪的变化不尽相同。在探讨导致生猪价格不稳定的因素时，冷淑莲和黄德明（2009）指出生长周期、养殖成本、养殖方式都会产生显著影响。吕杰和綦颖（2007）、董玲（2010）、易泽忠等（2012）生猪市场风险具有波动性、周期性、关联性、短期不可逆性等特征，由市场供需引发。汤颖梅等（2010）指出生猪价格不稳定、饲料价格持续攀升成为困扰养殖户的主要风险。许彪等（2014）建立了趋势、周期、季节、偶发、货币五因素模型，对我国生猪价格进行预测，发现生猪价格受劳动力成本、饲料成本上升的影响而呈中长期上移。市场风险评估、预警方面，如郭军和陶建平（2013）、安丽和郭军（2014）度量了我国生猪市场价格风险，认为我国生猪市场价格风险较大。在市场风险内部关联性方面，如徐小华等（2011）、丁雄（2013）研究表明生猪价格、玉米价格、生猪生产三者之间存在传导关系。风险规避策略方面，如杨枝煌（2008）建议采用金融化综合治理措施来应对，陈顺友等（2000）基于技术经济视角，建议通过掌握生猪生产和市场变化规律来应对。

1.2.3.4　生猪养殖污染治理相关研究

通过对生猪养殖污染治理相关文献梳理，可知目前研究主要集中在污染危害及治理政策、污染治理行为及影响因素、污染治理成本方面。具体如下：

（1）规模养殖与污染相关研究。相关研究表明，生猪由散养向规模养殖模式发展转变中，粪污利用率呈下降趋势，对环境污染有日趋加重趋势（苏杨，2006；黄季焜和刘莹，2010；仇焕广等，2013），究其原因可知散养模式下种养结合，能较好地将粪便还田（Bluemling B. & Hu C. S.，2011），而规模养殖模式由于缺少足够的土地消纳粪尿等废弃物，导致粪污利用率较低，引发了多层次的环境污染问题（陈瑶和王树进，2014），增加了疫病传染的风险和排泄物治理的成本与难度（Larsen，2013），对水体、土壤和空气造成严重污染（Schofield K. et al.，1990；Baker，2002；谭支良和周传社，2008），并危及畜禽和人体健康（McCulloch et al.，1998；Hantschel & Beese，1997；孙铁珩和宋雪英，2008；Gao C. & Zhang T.，2010），而环境污染问题也成为阻碍生猪规模化发展的屏障,生猪养殖户环境污染治理成本将增加(王俊能等,2012)。Mackenzie S G et al.(2016)使用生命周期评价方法对包括副产品在内的猪饲料的环境影响进行了模拟,测试显示利用副产品作为饲料,可以减少养猪系统对环境的影响。

相关研究表明,我国生猪等畜禽规模养殖产生了大量污染物,其中粪便中N、P产生量已远远超过当地农田可承载的安全警戒值,造成了严重的环境污染问题(段勇等,2007),给我国环境污染的控制带来了巨大压力(杨惠芳,2013),而胡浩(2009)、周力(2011)、郑微微等(2013)、Zheng C.等(2014)等持相反观点,其研究表明规模养殖有助于促进畜禽养殖技术进步,采用绿色养殖技术,减少污染排放量,从而有利于畜禽污染治理,而潘丹(2015)通过实证研究表明,生猪养殖户应选择小规模、大规模养殖,原因是规模养殖和畜禽污染之间呈倒 U 型曲线关系。而安林丽等(2018)研究发现我国生猪养殖规模与污染之间呈现典型的环境库兹涅茨曲线(EKC),当前我国生猪养殖规模较小,位于倒 U 形曲线拐点左边,养殖规模越大,产生的污染废弃物越多。

(2)污染治理行为。我国生猪养殖户总体污染治理意识不高,其中规模养殖户治理意识较其他不同规模养殖户高(张玉梅和乔娟,2014),不同规模养殖户对畜禽污染治理政策的接受意愿具有异质性(潘丹,2017)。影响养猪场(户)污染治理行为的因素是多方面,如督查压力(孟祥海,2014)、养殖场所在区域、政府补贴高低、污染认知程度(张晖等,2011)、污染排放监管程度和污染处理设施齐全程度(仇焕广等,2013)、利益需求类型(杜焱强等,2014)、环境规制强度(虞祎等,2011)、污染治理投入力度、监管成本大小、排污费高低、绿色补贴程度、环境风险感知、养殖规模(左志平等、张郁和江易华、宾幕容等,2016)、生态和责任意识、参与技术培训次数、养殖补贴力度、实施环境补贴(邬兰娅等、姚文捷,2017)、心理认知(林丽梅等,2017)、牲畜粪便处理技术支持、粪肥交易市场政策等对养殖户粪污治理行为影响显著。而孔凡斌等(2016)从规模视角,利用生猪养殖户调查数据,实证分析了不同规模生猪养殖户养殖污染无害化处理意愿的影响因素,发现大中小规模生猪养殖户无害化处理意愿的影响因素差异明显。林丽梅等(2018)对养殖户的污染防治行为决策进行了研究,发现约束性、激励性、引导性规制措施分别对无害化处理行为、资源化利用行为、污染防治行为具有显著的调节效应。

（3）污染治理方式选择。计划行为理论认为信息认知是个人行为的重要决定因素，养殖户对畜禽污染环境影响的认知越深刻，越倾向于采用环境友好型畜禽污染处理方式，畜禽污染排放量越低，此外养殖户畜禽污染处理意愿高、控制意愿强，产生的污染量也较低。仇焕广等（2012）研究发现养殖主体在实际中主要选用还田、做有机肥、废弃等方式处理畜禽废弃物，而冯淑怡等（2013）研究发现养殖主体同时选择多种处理方式，而且这些方式并不相互影响。饶静和张燕琴（2018）研究发现不同规模生猪养殖户的环境行为存在差异，其中规模养殖户由于获得足够配套土地较困难，导致大中规模养殖户资源化利用程度普遍较低，小农的社会经济特性决定了小规模及散户的资源化利用程度较高。

影响养殖户选择粪便处理方式的因素较多，通过查阅相关文献（何如海等，2013；邬兰娅等，2014；潘丹和孔凡斌，2015；陈菲菲等，2017；金书秦等，2018），大致分为四类：一类是养殖户特征和认知方面，如年龄、性别、受教育程度、环境污染认知等；二类是家庭特征方面，如劳动力数量、家庭收入、是否兼业等；三类是污染治理特征方面，如粪便处理的成本收益、粪尿处理方式等；四类是政策方面，如当前我国出台的促进畜禽粪便资源化利用政策中的污染防治约束规制过大，而激励性规制措施不足，严重阻碍了畜禽粪便的综合利用，监管力度不够、生态补偿政策覆盖面窄、国家养猪补贴政策未兼顾散养和小规模养殖户及补贴额度低等。

（4）治理补贴和投资。相关研究表明生猪养殖户通常根据自身生猪养殖规模、收入状况、处理技术、还田距离提出废弃物补贴期望（赵连阁等，2016），其对国家实施的各种废弃物补贴政策的偏好存在差异，其中对沼气补贴政策认可度较高（潘丹，2016），其中生猪散养户获得的国家沼气补贴金额占总投资金额的比例最高，小规模养殖户其次，而中等规模养殖户最少（周力和郑旭媛，2012），但沼气补贴政策并没有促进养殖户沼气池使用效率的提高，而有机肥补贴金额较低且申请程序复杂，对养殖户选择有机肥方式处理畜禽粪便的激励力度较弱（蔡亚庆等，2012）。环保投资研究主要集中在意愿及影响因素方面，如王克俭和张岳恒（2016）通过CVM调查法得出生猪养殖场认为生猪养殖污染防治带来的社会效益＞生态环境效益＞经济效益。大多数养殖户不愿意对生猪污染治理进行投入，导致治理投入水平整体较低，出现以上结果原因是多方面的，虞祎等（2012）、乔娟和刘增金（2015）、宾幕容和周发明（2015）研究表明政府补贴覆盖面有限、补贴发放效率低、防污规制政策和监管体系不完善、污染认知水平低等都是导致以上结果出现的原因。

（5）污染治理策略。为防止养殖场废弃物对生态环境的污染，发达国家已逐步控制养殖规模（Burkholder J. A. et al.，2007），国内一些专家学者对污染产生的原因进行分析，并提出应对方法和策略，如 Segerson K.（1988）设计了规模养殖污染防治制度，提出建立污染物收费制度。吴根义等（2014）、陈菲菲等（2017）研究得出的原因分别是畜禽养殖布局与农地资源不匹配，沼气工程运行管理、产物利用、沼液处理利用不彻底，废弃物循环利用所获经济效益差，有机肥市场监管不严等；宾幕容（2015）研究发现产生污染的原因是人口增长、化学技术进步等。闵继胜和周力（2014）研究表明养殖户畜禽污染排放量主要受种养结合比例、政府环境规制程度、政府补贴、参与合作组织、合作模式紧密程度等影响。常维娜等（2013）、敖子强等（2016）认为应根据当地的土地承载力因地制宜选择合适的"种养平衡"模式，加大污水中氮磷营养元素的转化力度，实现废弃物高效循环利用。Mackenzie S. G. 等（2017）研究表明环境税是政府推动降低环境污染的一种激励工具，可以利用系统级的环境影响模型来量化以不同比率设定的环境税的潜力，以降低畜牧系统的整体环境影响水平。徐瑾（2018）总结国外畜禽养殖污染治理立法经验，针对我国畜禽养殖污染治理立法上存在专门法律缺失、已有法律内容过粗、政府奖惩措施单一等问题，提出四点立法措施。

1.2.4　文献述评

（1）已有研究主要运用国家及省级层面统计年鉴数据，着重从经济效益评价和生产效率视角测度，测度出的生猪适度养殖规模可能与当前实施的环境规制现实背景不符，不能较好地指导实际生猪生产。国内外相关研究证实生猪规模养殖确实存在"度"，目前研究主要从生产效率或经济效益视角测度养殖规模，而从养殖污染治理成本内部化、土地消纳视角测度方面的研究相对不足，主要表现在两方面，一是在测算某一地域范围内生猪适度养殖规模时鲜见将污染治理成本纳入养殖成本中，导致生猪养殖成本不准确，测算出的适度养殖规模与当前实施的环境规制背景不吻合，二是在测算土地粪污消纳能力时主要采用年度统计年鉴数据对国家或省级区域进行宏观测算，而忽视微观养殖主体土地消纳能力测算，导致测算出的适度养殖规模不能更好地指导微观养殖主体。

（2）已有研究着重探讨非环境规制因素对生猪规模养殖及养殖决策的影响，宏观层面探讨环境规制对生猪生产布局变迁影响，而从微观层面探讨环境规制因素影响方面不足。目前国内外过多探讨非环境规制因素对生猪规模养殖及养殖决策的影响，如养殖主体自身特征因素，养殖过程的各种投入要素，又有宏观层面的社会、经济等因素，这些研究结论为本书提供了较好的借鉴，而已有研究也存在不完善的地方，表现在两方面，一是对各影响因素交互项探讨的不多，导致不能很好地理解各交互项对养殖规模的影响；二是过多探讨非环境规制因素，如养殖经济效益、产业组织、生猪补贴政策、生猪价格等因素对生猪规模养殖及养殖决策的影响，在当前环境规制约束下，从微观层面考察环境规制因素对生猪养殖户养殖规模及养殖决策影响方面研究不多，导致不能很好地理解环境规制如何具体约束养殖户养殖规模及决策行为。

（3）已有研究从具体技术水平、具体养殖风险、污染治理压力微观层面探讨生猪适度规模养殖决策方面存在不足，导致不明确影响养殖决策行为的具体关键技术和风险，不能很好地从微观层面揭示养殖户适度规模养殖决策过程。目前从养殖技术水平差距、具体技术水平微观层面研究对养殖主体养殖决策行为影响方面存在不足，导致不能明确何种养殖技术在养殖决策中起关键作用。目前关于饲养风险方面主要从风险特征、决策者风险偏好、风险感知、市场风险及疫病风险等角度探讨对养殖行为的影响，而没有从养殖主体风险态度、风险损失程度、生猪产业链中的各环节风险及自然灾害、政策变化、环境污染、生猪市场风险、疫病风险、技术风险等外在风险方面探讨对养殖决策行为的影响，导致不明确影响养殖决策行为的具体关键风险。在养殖户污染治理能力对其规模养殖微观决策影响方面研究略显不足，尤其在国家实施严格环境规制和生猪养殖收益波动较大背景下，鲜见探讨养殖户污染治理压力对其适度规模养殖决策的影响。较少从多角度案例方面探讨生猪养殖户规模养殖决策，不能很好地从微观层面揭示养殖户养殖决策过程。

基于已有研究不足，本书拟在以下三方面突破：

（1）分析框架方面拟突破。基于我国生猪规模化养殖特殊现状和当前实施环境规制现实背景，以有限理性理论、行为决策理论、规模经济理论、环境经济学理论、规制经济学理论为支撑，多角度从理论分析层面构建生猪养殖户适度规模养殖决策理论分析框架；在借鉴已有研究成果基础上，提出养殖户适度规模养殖决策非环境规制影响因素（经济效益、生猪价格、生猪补贴政策、产业组织、风险态度及其具体相关养殖风险、技术水平差距及其具体相关养殖技术）研究假说和环境规制因素（污染治理压力及其相关污染因素）研究假说。

（2）测度视角方面拟突破。本书在借鉴已有研究成果基础上，以四川生猪养殖户微观主体为研究对象，利用生猪养殖户投入产出微观问卷调查数据，首先采用生产函数考察生猪养殖户规模养殖是否存在规模报酬递减，是否需要适度规模养殖，其次，分别从养殖利润最大化、全要素生产率、污染治理成本内部化、土地粪污消纳能力视角测度其生猪适度养殖规模，综合评判养殖户适度养殖规模区间，弥补已有研究在研究现实背景、所用数据、研究主体选取、研究方法方面之不足。

（3）规模养殖决策影响因素验证层面拟突破。以四川生猪养殖户为研究对象，利用其微观问卷调查数据，选取 Logit、Probit 等模型方法，实证角度验证研究假说提出的非环境规制因素（经济效益、生猪价格、生猪补贴政策、产业组织、风险态度、技术水平差距）、环境规制因素（污染治理压力）及其交互项对其适度规模养殖决策的影响；选取三类养殖户进行案例分析，从微观层面剖析其适度规模养殖决策及影响因素，印证上述结论。

1.3　研究目标与研究内容

1.3.1　研究目标

（1）构建新的决策分析框架。基于环境规制视角，以有限理性理论、行为决策理论、规模经济理论、环境经济学理论、规制经济学理论为支撑，从环境规制因素与非环境规制因素角度切入，系统构建了生猪养殖户适度规模养殖决策理论分析框架。

（2）验证研究区域内是否需要适度规模养殖。以规模经济理论、环境经济学理论（外部性、环境承载力评价）为支撑，利用四川生猪养殖户调查数据，建立模型验证生猪养殖实践中是否存在规模报酬递减，是否需要适度规模养殖，分别从养殖利润、全要素生产率、环境治理成本及土地消纳能力视角测度适度养殖规模。

（3）验证影响生猪养殖户适度规模养殖决策的影响因素。以行为决策理论、有限理性理论、环境经济学理论、规制经济学理论为支撑，构建生猪养殖户适度规模养殖决策的影响因素模型，提出研究假说，验证环境规制因素、非环境规制因素及其交互项是否是影响生猪养殖户适度规模养殖决策行为的内外在诱因。

（4）通过案例剖析环境规制实施前后生猪养殖户适度规模养殖决策的变化。通过个案研究，微观层面验证环境规制实施前后养殖户养殖规模决策行为变化及环境规制因素对其养殖规模的约束过程，了解养殖户对生猪适度养殖规模的认知与判断，印证宏观层面测算出的四川生猪适度养殖规模区间的合理性，剖析养殖户适度规模养殖决策的影响因素。

1.3.2　研究内容

基于研究目标，主要研究内容如下：

（1）理论分析与研究框架的构建。在借鉴已有相关研究成果基础上，结合环境规制实施背景实际，以有限理性理论、行为决策理论、规模经济理论、环境经济学理论、规制经济学理论为支撑，构建生猪养殖户适度规模养殖理论分析框架，重点阐述养殖户是否需要适度规模养殖、适度养殖规模区间为多大、适度规模养殖决策及其影响因素，并提出待验证假说。

（2）四川及样本区生猪养殖规模现状分析。本章利用历年国家、四川省统计年鉴数据及生猪问卷调查数据，采用描述性统计分析方法，分别对四川省生猪养殖规模现状、生猪养殖成本收益、样本区生猪养殖规模现状进行分析。

（3）生猪养殖户适度养殖规模测度及评判。首先，以规模经济理论为支撑，利用四川生猪养殖户调查数据，建立 C-D 生产函数，考察生猪养殖户是否需要适度规模养殖；其次，以环境经济学理论（外部性、承载力评价）为支撑，分别从养殖利润、全要素生产率、环境污染治理成本、土地消纳能力视角对生猪适度养殖规模进行测度及评判。

（4）生猪养殖户适度规模养殖决策影响因素分析。基于行为决策理论、有限理性理论、环境经济学理论、规制经济学理论分析和研究假说，运用四川生猪养殖户调查数据，分别选用 Probit、Logit 等方法，实证分析非环境规制因素与环境规制因素及其交互项对生猪养殖户适度规模养殖决策的影响。

（5）生猪养殖户适度规模养殖决策案例研究。首先，简要概述案例研究范围、选择过程、访谈与分布；其次，分别从四川四个不同地域选取四种生猪养殖户作为典型案例，运用案例研究方法，从微观层面剖析其在环境规制实施前后生猪适度规模养殖决策及影响因素等情况。

1.4　研究思路与技术路线

1.4.1　研究思路

首先，基于环境规制视角，以有限理性理论、行为决策理论、规模经济理论、环境经济学理论、规制经济学理论为支撑，从环境规制因素与非环境规制因素角度切入，系统构建了生猪养殖户适度规模养殖决策理论分析框架，并进行理论分析，提出研究假说。

其次，在对研究区生猪养殖户养殖规模现状分析基础上，以规模经济理论、有限理性理论、环境经济学理论为支撑，运用四川生猪养殖户问卷调查数据，选用 C-D 生产函数、目标函数等研究方法，考察研究区生猪养殖户是否需要适度规模养殖，从养殖利润、全要素生产率、污染治理成本及土地消纳能力视角，测度适度养殖规模区间，以检验研究假说。

再次，以行为决策理论、有限理性理论、环境经济学理论、规制经济学理论为支撑，分别选用 Probit、Logit 等计量方法，验证了非环境规制因素（经济效益、生猪政策、生猪价格、产业组织、风险态度、技术水平）与环境规制因素（污染治理压力）及其交互项对生猪养殖户适度规模养殖决策行为的影响，以检验研究假说。

最后，与前面研究对应，分别从四川四个不同地域选取养殖风险规避型（以养殖利润为目标）、污染治理压力型（投入较高的治理成本）、养殖技术水平提高型（粪尿主要由土地消纳）、种养分离型（自己无土地消纳污染废弃物）生猪养殖户作为典型案例，运用案例研究方法，从微观层面剖析不同类型养殖户在环境规制实施前后其生猪适度规模养殖决策及影响因素等情况，印证上述研究结论。

1.4.2　技术路线

本文技术路线见图 1-1。

1.5　研究方法与数据来源

1.5.1　研究方法

本书主要采用的研究方法如下：

（1）文献研究法。运用此方法，查阅养殖规模决策行为、规模养殖现状、适度养殖规模测度、决策影响因素等方面已有研究文献，归纳已有研究之不足，在此基础上提出研究问题、拟创新之处、研究框架、研究假说、变量设置等，为本书后续展开研究提供理论借鉴与支持。

（2）调查研究法。运用此方法，先于 2014 年对四川省 3 县（区）373 个

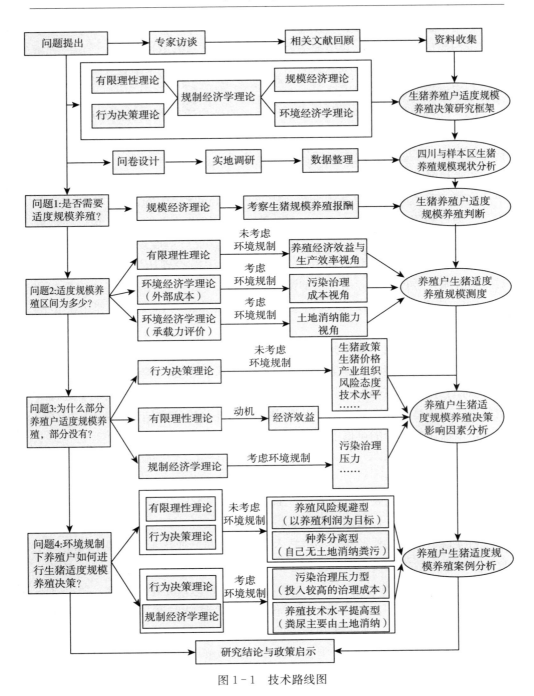

图 1-1 技术路线图

生猪养殖户进行问卷调查，其次于 2016 年对四川省 6 县（区）709 个生猪养殖户进行实地问卷调查，获得其个人基本现状、生猪养殖规模现状、适度养殖规模情况及适度规模养殖决策影响因素等第一手数据，为本书现状分析、实证分析、案例研究提供数据支持。

（3）计量分析法。在本书第 4 章"生猪养殖户适度养殖规模测度与评判"中，分别选用 C-D 生产函数、目标函数、多元回归分析方法考察研究区内生猪养殖户是否需要适度规模养殖，并从养殖利润、全要素生产率、污染治理成本、土地消纳粪尿能力视角测算适度养殖规模区间。在本书第 5 章"生猪养殖户适度规模养殖决策影响因素分析"中，选用 Logit、Probit 方法分别实证分析非环境规制因素（经济效益、生猪政策、生猪价格及产业组织、风险态度和技术水平等）及其各因素变量综合作用对生猪养殖户适度规模养殖决策的影响；选用 Probit 方法实证分析环境规制因素（污染治理压力及其相关变量）对生猪养殖户适度规模养殖决策的影响；选用 Logistic 方法综合实证分析非环境规制因素与环境规制因素及其交互项对生猪养殖户适度规模养殖决策的影响。

（4）个案分析法。运用此方法，分别选取四川邻水县、安岳县、井研县、雨城区四种不同类型的典型生猪养殖户，对其基本情况、养殖规模决策、规模养殖认知与适度养殖规模评判、适度规模养殖决策影响因素、政策期望进行案例分析，印证适度养殖规模测度及影响因素实证分析所得结论，做到"点面"结合，增加研究结论的可信度。

1.5.2 数据来源

本书所用数据主要来自两方面，如下所示：

（1）调查数据。包括两方面数据，一方面是 2014 年四川省科技厅科技支撑计划项目"生猪现代产业链关键技术研究集成与产业化示范"课题问卷调查数据，该部分数据采用分层抽样方法对四川省遂宁市射洪县、船山区、安居区所属的 14 个乡镇生猪养殖户问卷调查，最终获得 373 份有效问卷，其中射洪县 168 份、安居区 112 份、船山区 93 份，散养养殖户 93 份、小规模养殖户 37 份、中规模养殖户 194 份、大规模养殖户 49 份。

另一方面是博士论文问卷调查数据。包括养殖户及生猪养殖基本情况、生猪养殖户规模养殖认知与适度养殖规模评判、生猪养殖户适度规模养殖决策影响因素、案例分析等方面数据。结合研究目标，依据研究内容需要，采用分层和随机抽样相结合的方法，于 2016 年选取四川省安岳县、乐至县①、射洪县②、船山区③、名山区、东坡区④所属区域内的不同规模生猪养殖户样本 709个，运用问卷调查方法，对样本养殖户进行问卷调查，获得有效问卷 709 份，问卷样本分布在 6 县（区）所属的 60 个乡（镇）187 个村，调查过程及问卷样本分布详见第 3 章中的"调查设计"及表 3 - 9。采用分层和随机抽样相结合的方法，选取邻水县、安岳县、井研县⑤、雨城区四种典型生猪养殖户，采用半结构化访谈法进行案例访谈，获得第一手数据，案例选择过程和访谈内容详见第 6 章。

（2）统计数据。包括历年《中国畜牧业年鉴》、《中国农村统计年鉴》、《中国统计年鉴》、《全国农产品成本收益资料汇编》、《全国农村固定观察点调查数据汇编》、《四川统计年鉴》、《四川农村年鉴》等统计年鉴中公开披露的生猪散养户、规模养殖户、存出栏量、猪肉产量、养殖成本收益数据以及各地畜牧养殖信息网站公布的相关生猪数据。

1.6　创新与不足

1.6.1　创新之处

（1）将环境规制因素纳入生猪养殖户适度规模养殖决策分析框架。基于环境规制视角，通过整合有限理性理论、行为决策理论、规模经济理论、环境经济学理论、规制经济学理论，从环境规制因素与非环境规制因素角度切入，系统构建了生猪养殖户适度规模养殖决策理论分析框架，提出了影响养殖户适度规模养殖决策的非环境规制因素与环境规制因素，完善了生猪养殖决策理论体系。突破了已有研究过多探讨非环境规制因素对生猪规模养殖的影响局限，突破了已有研究过多地从宏观层面探讨环境规制对生猪养殖的影响。

（2）从经济、生态等多视角测度生猪适度养殖规模。将规模经济理论引入到生猪适度规模养殖决策研究中，拓展了规模经济理论的应用范围，并从养殖

---

① 本研究问卷调研时，安岳县和乐至县均属国家生猪调出大县和百强县、四川省现代畜牧业重点县。
② 本研究问卷调研时，射洪县属于国家生猪调出大县、四川省畜牧业大县、四川省试点县。
③ 本研究问卷调研时，船山区属国家生猪调出大县、四川省现代畜牧业培育重点县。
④ 本研究问卷调研时，名山区属于国家生猪调出大县，东坡区属国家生猪调出大县、省现代畜牧业培育重点县。
⑤ 本研究问卷调研时，邻水县、井研县均为国家生猪调出大县和四川省现代畜牧业重点县。

利润、全要素生产率、污染治理成本和土地消纳视角对生猪养殖户适度养殖规模进行测度，避免了单一视角测度的局限性，提高了测度结果的科学性、可信度，突破了已有研究着重从经济效益评价和生产效率视角测度的局限，增强了养殖户适度规模养殖决策的科学性和指导性。

（3）实证研究生猪养殖户适度规模养殖决策的影响因素。将技术差距理论引入到生猪适度规模养殖决策研究中，拓展了技术差距理论的应用范围，验证了技术水平、污染治理压力、风险态度、生猪价格、经济效益、生猪政策、产业组织及其相关变量因素在生猪养殖户适度规模养殖决策中的有效性；发现生猪养殖户适度规模养殖决策主要基于生猪预期价格而非当期价格，与蛛网理论观点不一致；除市场价格风险外，发现污染治理压力、饲养技术风险、技术水平差距、疾病防治技术水平（合理用药）、快速育肥技术水平是选择适度规模养殖的促进因素，饲料选用与配比技术、粪污出售是阻碍因素，丰富了生猪养殖决策研究结论，弥补了现有从具体技术水平、具体养殖风险、污染治理压力微观层面研究之不足。

1.6.2 不足之处

（1）影响因素。本书对生猪养殖户适度规模养殖决策的影响因素进行定量分析，但只分析了各影响因素发挥作用的方向，未度量发挥作用的大小。

（2）案例研究。不同养殖户间存在巨大差异，本书只选择了养殖风险规避型（以养殖经济利润为目标）、污染治理压力型（投入较高的治理成本）、养殖技术水平提高型（粪尿主要由土地消纳）生猪养殖户进行案例研究，其他类型养殖户未考虑到。

（3）研究范围。本书的研究局限于四川的生猪养殖户，对于研究结论的一般性与适用性可能有影响。

第 2 章　相关概念、理论基础与理论分析框架

本章在前人相关研究基础之上，对相关概念进行界定，提出研究前提假设，结合有限理性理论、行为决策理论、规模经济理论、环境经济学理论、规制经济学理论内容，构建生猪养殖户适度规模养殖决策理论分析框架，并进行理论分析，提出待检验的研究假说，为后面章节展开研究提供基础。

2.1　概念界定与研究前提假设

2.1.1　概念界定

（1）生猪养殖规模。生猪养殖规模目前有两种分类，一是根据农户家庭年生猪饲养头数，将生猪规模分为散养（$Q \leqslant 30$）、小规模（$30 < Q \leqslant 100$）、中规模（$100 < Q \leqslant 1\,000$）、大规模（$Q > 1\,000$）四类；二是根据农户家庭生猪年出栏量，将生猪养殖规模分为九类，其中以年出栏 49 头为界，以下为散养，以上为规模养殖，其中规模养殖主要包括农户专业户和商品化生猪生产企业，见表 2-1，本书以第一种分类为准。

（2）生猪适度养殖规模。关于生猪适度养殖规模的明确概念还没有，仅有陈双庆（2014）对生猪适度规模经营的内涵进行简要描述，但并没有指出生猪适度规模的概念，本书在借鉴农业适度规模经营概念基础上，提出生猪适度养殖规模的概念，即在既定的经营环境条件下，以提升生猪养殖效率为目标，强调对生产要素的优化配置，从而降低生猪养殖成本，提高生猪养殖经济效益的经营方式，通过适当扩大养殖规模，从而取得相对最佳综合效益。

（3）生猪养殖户适度养殖规模决策。生猪养殖户是指生猪散养户（$Q \leqslant 30$）、小规模（$30 < Q \leqslant 100$）、中规模（$100 < Q \leqslant 1\,000$）、大规模养殖户（$Q > 1\,000$）。关于决策的定义有很多，其中比较有代表性的如赫伯特·西蒙（Herbert A. Simon）（1982）对决策广义概念进行界定，其认为广义决策是指在分析决策环境的基础上，制定多种方案，从中选择一种方案，并评价方案选

择，而斯蒂芬·罗宾斯（Stephen P. Robbins）（1997）对决策狭义概念进行界定，认为决策是指选择某一方案或行动的行为。作为有限理性"经济人"的生猪养殖户，其养殖决策行为取决于养殖利润最大化，其适度养殖规模决策是指在生猪养殖过程中，为实现自身预期目标、家庭所需等目的，综合考虑生猪价格、产业组织、生猪政策、自身风险态度、技术水平及污染治理压力等因素，对生猪养殖规模评估选择的过程。

表 2-1　生猪散养和规模养殖特点的对比

养殖方式	散 养	规模化养殖
养殖目的	利用闲暇时间，多为自足，少为盈利	主要是为盈利
养殖规模	30 头以下	30 头以上
养殖场地	农户家附近	远离农户
养殖时间	较长，一般为 6 个月以上	较短，一般为四五个月左右
养殖环境	环境较差，无配套的排污设施和沼气设施	科学合理，有配套的排污设施和沼气设施
养殖成本	猪仔、饲料的购买成本较大，基本不需要人工成本，基本没有扶持基金，单位成本较大	自繁自养，自行购买饲料数量较多有价格优势或者自行加工配合饲料，有人工成本，固定投资和管理费用较多，环境成本较大，单位成本较小
资金投入	较小，主要用于购置仔猪等	较大，主要用于基础设施和种猪购置
免疫情况	不确定，保险保障较少	免疫情况较好，保险保障较好
疫病控制情况	不能控制，疾病发生率较高	基本能控制，疾病发生率较低
稳定市场情况	本地销售，作用较小	出栏量大，对稳定猪肉市场价格作用显著
食品安全	较差	较好
效益	较低	较高

（4）污染治理压力。关于污染的定义有两种，一是只要把残留物排放到环境中，无论多少都会造成污染，另一种是只有当周边环境质量退化到一定程度引起环境损害时，污染才会发生（孟祥海，2014）。治理指所有能够削减污染排放量的方法，对削减污染排放量或降低环境中污染物浓度会产生治理成本，包括个人成本和社会成本，通常污染源不同，治理成本也不同。本书中的污染治理压力指生猪养殖户基于自身条件和治理设施，按新环境法规标准对生猪养殖过程中产生的粪便、尿液、废水及病死猪等进行无害化处理的成本压力及污染物治理难度，文中着重强调治理难度。

（5）政府规制。规制的英文名是 Regulation，其通常也被译成"管制"

"规制"或"监管",目前关于规制的定义还未统一,但其本质上是相同的,典型的定义如保罗·萨缪尔森(Paul A. Samuelson)和威廉·诺德豪斯(William D. Nordhaus)(1992)认为"管制"是政府以命令的方法改变或控制企业的经济活动而颁布的规章或法律,以控制企业的价格、销售或生产决策。丹尼尔·F. 史普博(Daniel F. Spulber)(1999)认为规制是行政机构指定并执行的直接干预市场机制或间接改变企业和消费者供需决策的一般规则或特殊行为。而政府规制是指政府通过行使公共权利,在相关行为规则的框架下对组织和个人的行为做出限制和制约。本书界定的政府规制主要侧重于有关规制养殖户养殖污染治理行为的微观操作层面,主要包括按环境规制要求治理好生猪养殖中产生的粪尿、废水、病死猪等。

(6)风险态度。风险态度表现的是一种心智状态,也就是在不能确定目标所带来的影响是正或负的情况下所做出的选择,换言之就是对重大不确定性感知所选择的反应方式(Hillson et al.,2005),是个体在个人因素和外界因素作用下,对风险表现出的倾向,分为风险偏好、风险中性、风险厌恶三种。本书涉及的风险态度指养殖户基于各种风险大小、时间长短等,进行生猪适度规模养殖决策时所表现出的基本态度和倾向,养殖户的风险态度存在差异,该差异对其适度规模养殖决策可能也有影响。

(7)技术水平。从生猪的生长速度来看,育肥猪生猪速度最快,所耗饲料最多,占总耗料的70%~80%,占养猪成本的50%~60%,所以在饲养管理、疾病防疫方面都要引入先进技术,提高饲料的转化率,进而实现可观效益。所以养殖户在饲养过程中所掌握的技术水平决定着生猪饲养规模的大小。本书所指的生猪饲养技术是指养殖户在养殖过程中所掌握的技术或技能,由于养殖户个体的差异,其掌握的水平高低也会不同,并且对其适度规模养殖决策的影响也有区别。

2.1.2 研究前提假设

(1)有限理性假设。在现代经济学中,但凡理性"经济人"都会有投机动机,总是试图以最小的代价取得最大回报,而生猪养殖户也如理性"经济人"一样,在追求利益最大化的同时追求风险最小化,根据自己的效用标准做出判断,做出能使自己获得更大效用的决策,但由于生猪养殖户自身能力的限制、信息不完全以及周围环境等因素的限制,其决策并不是完全理性的,即有限理性。

（2）独立决策且目标多元假设。生猪养殖户进行养殖决策都是独立的，其决策行为受多方面因素影响。李桦等（2006）研究表明生猪养殖户作为有限理性"经济人"，获取经济效益是其生猪规模养殖的主要动机和目标，而其做生猪规模养殖决策除具有追求利润最大化目标外，还可能与其非经济目标和动机有关，如规避养殖风险、合理配置生产要素、满足家庭猪肉需要等。

2.2 理论基础

2.2.1 有限理性理论

赫伯特·西蒙（Herbert A. Simon）于 1961 年首次提出"有限理性"（Bounded Rationality）概念，他认为"人在主观上追求理性，但只能在有限的程度上做到这点"①，1987 年他指出"有限理性是指那种把决策者在认识方面（知识和计算能力）的局限性考虑在内的合理选择，它关注的是实际的决策过程怎样最终影响作出的决策"②。西蒙还认为有限理性理论是"考虑限制决策者信息处理能力的约束理论"，否认整体最大化假设，指出是追求"满意化"③。而道格拉斯·诺斯（Douglass C. North）认为，人的有限理性包含获取信息不完全、认知能力有限④。迈克尔·迪屈奇（Michael Ditridge）认为不确定性的存在或者复杂性的存在达到了必要的程度会导致有限理性的产生⑤。威廉姆森（Williamson）看来，有限理性是关于领悟能力的一个假定，是一个无法回避的现实，分为三个层次⑥，存在信息成本⑦。内外在约束是有限理性产生的原因，外在约束主要是指人类选择的理性程度受到信息不完全与不确定等外部因素的限制，内在约束主要是指人脑有限的信息处理能力这一事实约束着人们的理性水平，这也是西蒙有限理性观的立足点。即使现状或未来可以获

---

① Simon. Administrative behavior ［M］. 2nd ed. New York：Macmillan，1961：p. xxiv；转引自：奥利弗·E. 威廉姆森. 治理机制 ［M］. 北京：中国社会科学出版社，2001：20.

② 赫伯特·西蒙. 现代决策理论的基石 ［M］. 北京：北京经济学院出版社，1989：3.

③ ［英］G·霍奇逊. 现代制度主义经济学宣言 ［M］. 北京：北京大学出版社，1993：95.

④ 道格拉斯·诺斯. 制度、制度变迁与经济绩效 ［M］. 上海：上海三联书店、上海人民出版社，1994：27.

⑤ ［美］迈克尔·迪屈奇. 交易成本经济学 ［M］. 北京：经济科学出版社，1999：5.

⑥ ［美］奥利弗·E. 威廉姆森. 资本主义经济制度—论企业签约与市场签约 ［M］. 北京：商务印书馆，2002：68.

⑦ ［美］奥利弗·E. 威廉姆森. 资本主义经济制度—论企业签约与市场签约 ［M］. 北京：商务印书馆，2002：70.

得关于全部需求函数和生产函数的信息，大脑也不可能完全明了这些信息①。进一步地，即使信息处理能力不受限制，人们也经常愿意保持"理性的无知"，否则的话，人类将因分析而麻痹衰亡②。

　　根据有限理性产生的原因不同，有限理性通常概括为两种形式，分别是约束性有限理性和选择性有限理性。约束性有限理性又称"理性不及"有限理性，指人类受认知能力或外界不确定性、信息成本的约束而无法最大化的情况。约束性有限理性从客观上强调哪些因素使人类不能充分运用理性，这种有约束的有限理性又分为奈特派、西蒙派、哈耶克派。其中奈特派坚持用"根本不确定性"（Fundamental Uncertainty）解释有限理性，代表人物有奈特（Frank H. Knight）、沙克尔、杨小凯等。西蒙派强调成本约束（信息成本、交易成本等）限制了人类行为的理性程度，代表人物有西蒙（Herbert A. Simon）、威廉姆森（Williamson）、科斯（Coase）、青木昌彦（Aoki Masahiko）、张五常（Steven N. S. Cheung）等③。哈耶克派主要强调历史、习俗、习惯、价值观念及惯例对理性的限制，代表人物有哈耶克（Hayek）、阿马蒂亚·森（Amartya Sen）、卡尔·波普（SirKarl Raimund Popper）等。选择性有限理性从主观上强调个人本来可以最大化理性，但他们不愿意最大化，只选择一定程度的理性，其实质是一种理性闲置状态，是个人或者具有"不追求最大化"的偏好，或者认识到认知能力的不足，或者意识到"约束"成本太高而产生的不愿意充分运用理性的有限理性，偏好和基于节约心智成本是个人选择理性程度的主要影响因素。

　　由西蒙（Herbert A. Simon）提出的"有限理性"理论可知，人们在进行选择时，往往存在外部信息不完全，个体存在不完全理性，受到内部因素和外部环境因素的变化影响，导致决策者对具体事物的认知上存在不完全性，不能实现完全理性选择，也就是在不能实现最优化目标时，决策者也会偏向于选择非最优方案中的相对最接近目标的方案。舒尔茨（Schultz，1977）也指出农户的经济行为存在理性行为，同时会受到外部环境、可获得信息以及个体的主

---

　　① 阿兰·斯密德. 制度与行为经济学［M］. 北京：中国人民大学出版社，2004：33.
　　② 柯武刚，史漫飞. 制度经济学——经济秩序与公共政策［M］. 北京：商务印书馆，2000：64.
　　③ 经济学家们从西蒙的概念出发，发展出三支有限理性流派：第一支是以 Wald 为代表的主流经济学家们将不完全信息与有限理性挂钩；第二支是以霍奇逊、威廉姆森、科斯、青木昌彦和张五常等为代表的从信息成本或交易成本角度理解有限理性；第三支是一些行为经济学家、信息经济学家等把非传统的决策者目标函数引入经济分析。

观认知能力等多因素影响，要从小农实际情况出发，林毅夫（1988）认为在某些时候外界认为小农的不理性行为，可能是因为当受到外部环境限制时，小农会综合考虑再做出当前情况下的最优策略。一般来说，生猪养殖户的动机与目的在于养殖收益的最大化，在环境规制实施背景下，其动机与目的受生猪政策、生猪价格、产业组织、技术水平、风险态度、污染治理压力等各因素共同约束，其又不能完全忽略这些因素的制约，不能实现其个人的完全理性和完全信息获得，只能在有限理性情况下来做生猪养殖规模决策，实现自身满意收益。该理论在本书中有两方面用途：一点是为本书研究前提假设提供理论依据；二是为分析在环境规制背景下生猪养殖户适度养殖规模及养殖决策提供理论支撑。

2.2.2　规制经济学理论

规制经济学（Regulation Economics），又称管制经济学，是对政府规制活动所进行的系统研究，是产业经济学的一个重要分支。关于政府规制（Governmental Regulation），不同的视角，其含义则不同，从行政法视角来看，政府规制一般是指政府行政机构根据法律授权，采取特殊的行政手段或立法、司法手段，对企业、消费者等行政相对人的行为实施直接控制的活动，而从经济学家视角来看，政府规制的作用主要集中在微观经济领域，属于政府的微观管理职能，与宏观经济政策构成政府干预经济的两种主要方式，因此也叫微观规制经济学。规制经济学以微观经济学原理和产业组织理论为基础，吸收法经济学相关研究成果而发展起来的一门新兴应用学科。规制经济学研究主旨是分析在市场经济体制下，当市场失灵时政府应当采取哪些措施调整市场关系，以弥补市场效率的损失，即对政府规制在矫正市场失灵方面的潜在作用定位，它研究政府干预是否最有效率，是否比不干预更有效，也就是要对政府规制的制度特性进行考察，对规制的社会福利结果进行估价。规制经济学理论分析框架可以概括为：市场缺陷产生市场失灵，市场失灵产生规制需求，规制需求产生规制供给，规制供给过度产生规制失灵，规制失灵产生规制改革需求，改革需求引发规制改革实践。规制经济学在实际研究中主要选择实证研究与规范研究、静态研究与动态研究、定性研究与定量研究、系统研究与案例研究相结合等研究方法，对经济性管制、社会性管制及反垄断管制为研究对象进行规制研究。

规制经济学最早于 20 世纪 70 年代初步形成于发达国家，其中美国经济学家施蒂格勒（George Joseph Stigler）发表的经济管制论等经典论文对政府管制经济学的形成产生了特别重要的作用①。80 年代后随着规制实践和改革，促进了政府管制经济理论与管制实践的结合，从而推动了政府管制经济学的发展，但至今关于管制经济学中的一些基本概念和理论还存在较大分歧，对社会性管制研究还较弱，还未形成较完善的理论体系，未成为一门完全成熟的学科。我国对政府管制经济学的研究起步较晚，最早将政府管制学介绍到我国的著作是施蒂格勒（George Joseph Stigler）著的《产业组织和政府管制》②，里面有四篇关于政府管制方面的论文，之后日本学者植草益（Masu Uekus）著的《微观管制经济学》③ 被介绍到我国并出版，对我国产生了较大影响，随后我国学者余晖等还翻译了经济学家丹尼尔·F. 史普博（Daniel F. Spulber）著的《管制与市场》，在其著作中将政府规制所涉及的领域分为有可能存在市场失灵的"进入壁垒"、"外部性"、"内部性"三大类④，产生了较大的社会影响。从 20 世纪 90 年代以来，在借鉴国外管制经济学论著的基础上，并结合我国实际出版了许多论著，如张红凤著的《西方管制经济学的变迁》⑤、刘小兵著的《政府管制的经济分析》⑥、戚聿东著的《中国经济运行中的垄断与竞争》⑦、王廷惠著的《微观规制理论研究》⑧ 及于春良著的论文《强自然垄断定价与中国电价规制制度分析》⑨、王俊豪著的论文《论自然垄断产业的有效竞争》⑩ 等，对我国规制经济学发展有较大促进作用，但从总体上而言，我国对管制经济学的研究还处于初始阶段，在诸多领域需基于实际深入开展研究⑪。

　　当前我国生猪规模养殖产生了大量污染，对生态环境造成了严重破坏，是一种典型的负外部性问题，为解决生猪养殖污染问题，目前我国出台了一系列环境"风暴"规制从宏观层面调整生猪生产布局，微观层面约束和规范养殖主体养殖行为和治理行为。在当前环境规制背景下，本书以该理论为支撑，探究生猪养殖户面临的环境规制压力及该压力对其适度养殖规模和养殖决策的影响。

①②　施蒂格勒. 产业组织和政府管制 [M]. 潘振民，译. 上海：上海三联书店，1989.

③　植草益. 微观管制经济学 [M]. 朱绍文，胡欣欣，等，译. 北京：中国发展出版社，1992.

④　史普博. 管制与市场 [M]. 余晖，等，译. 上海：上海三联书店，上海人民出版社，1999.

⑤　张红凤. 西方管制经济学的变迁 [M]. 北京：经济科学出版社，2015.

⑥　刘小兵. 政府管制的经济分析 [M]. 上海：上海财经大学出版社，2004.

⑦　戚聿东. 中国经济运行中的垄断与竞争 [M]. 北京：人民出版社，2004.

⑧　王廷惠. 微观规制理论研究 [M]. 北京：中国社会科学出版社，2005.

⑨　于春良. 强自然垄断定价与中国电价规制制度分析 [J]. 经济研究，2003（9）.

⑩　王俊豪. 论自然垄断产业的有效竞争 [J]. 经济研究，1998（8）.

⑪　王俊豪. 管制经济学原理 [M]. 第 2 版. 北京：高等教育出版社，2014：13-14.

2.2.3 规模经济理论

规模经济理论是现代经济学的基本理论之一，微观经济学认为规模经济指厂商在既定的技术条件下，随着生产规模的扩大，投入的生产要素得到充分利用，使得生产要素成本增加的比率小于产量增加的比率，此时产出增加倍数大于成本增加倍数，表现为规模报酬递增，平均成本减少，而使经济效益得到提高。规模不经济指厂商在既定的技术条件下，随着生产规模的扩大，继续投入生产要素，但因生产规模过大，使得生产的各个环节和各个部门之间协调和合作的难度加大，从而降低了生产与管理的效率，导致成本增加的比率大于产量增加的比率，此时产出增加倍数小于成本增加倍数，表现为规模报酬递减，平均成本增加，而使经济效益下降①。因此，生产规模的过大或过小都不是最理想的，需要适度规模生产，才能实现规模经济。规模经济和规模报酬存在着紧密的联系，规模报酬是指在既定的技术水平下，当所有投入要素的数量发生同比例变化时产量的变化率，或所有投入要素同比例增加时，产出增加的比率，按其变动的不同方向，可分为规模报酬不变、递减及递增，规模报酬递增是规模经济的特殊情况，规模报酬不变也可能存在规模经济，规模报酬递减是规模不经济的一种情况。

由规模经济理论的发展历程来看，古典经济学者对该理论的发展做出了诸多贡献，提出了许多经典观点。最早威廉·配第（William Petty）于 1662 年提出土地报酬递减规律，但其没有将土地和资本报酬区分开②。之后法国重农学派杜尔阁（Anne J. Turgot）和安德森（James Andderson）在其基础上继续探索土地报酬递减规律的内涵，其分析了土地规模和土地收益之间的关系，但遗憾的是其仅探讨了土地的平均产量，而没有探讨边际产量。以上研究推动了规模经济理论的产生，而真正意义上的规模经济是伴随工厂手工业的兴起发展起来的，亚当·斯密（Adam Smith）于 1776 年在经典著作《国富论》③ 中以大头针的工序细分为研究对象，阐述了分工和专业化有助于提高工作效率，从而开启了规模经济的萌芽阶段。在斯密分工理论基础上，约翰·穆勒（John Stuart Mill）于 1848 年在其《政治经济学原理》中阐述了规模生产的优点，

---

① 方博亮，孟昭莉. 管理经济学［M］. 第四版. 北京：中国人民大学出版社，2013.
② 威廉·配第. 赋税论［M］//配第经济著作选. 北京：商务印书馆，1981：47.
③ 亚当·斯密. 国富论［M］. 北京：华夏出版社，2006：24-26.

其认为规模生产有利于节约生产成本①。随后，马克思（Marx）在其 1867 年出版的《资本论》第一卷中，详细分析了社会劳动生产力的发展须以大规模的生产与协作为前提，无疑是对穆勒提出的"规模生产好处"的回应②。随后马歇尔（Marshall）总结前人研究，于 1890 年在其《经济学原理》中首次用规模经济的概念解释规模报酬递增现象，全面阐述了规模经济理论，极大地推动了规模经济理论的发展③。之后斯拉法（Sraffa）分别于 1925 年、1926 年发表了两篇规模经济相关的论文及其在著作《用商品生产商品》中阐述了规模报酬递增和递减与分工之间的关系④。之后学者阿林·杨格（Allyn Abbott Young）于 1928 年发表了著名论文《报酬递增与经济进步》，突破了斯密的分工理论，论证了分工与市场规模之间的关系，形成了杨格定理，该定理对推动规模经济理论发展具有重要作用⑤。

近现代一些学者不仅全面论述了规模经济效应的存在，还对规模经济的测度、企业规模等规模经济问题进行探讨。如张伯伦（E. Chamberlin）、琼·罗宾逊（Joan Robinson）分别于 1933 年出版了著作《垄断竞争理论》和《不完全竞争经济学》，其基于"马歇尔冲突"提出了不完全竞争理论，弥补了传统规模经济理论与现实研究假说不符之不足，推动了规模经济理论向前发展⑥。随后，制度学派学者科斯（Coase）于 1937 年从交易成本视角探讨了企业规模，其认为市场交易存在三种成本（寻找成本、契约成本、交易成本），而企业存在的原因是将市场交易成本转化为企业内部成本，当企业规模扩大时，企业内部管理成本也随之扩大，因此企业要获得最佳规模，必须保证企业内部管理成本小于市场交易成本，其还指出实现规模经济同时要考虑更高层次、高效率的组织管理，而不仅仅是产量规模，还要考虑到组织管理成本的增加，应为一种多元的经济发展方式⑦。之后英国学者熊彼特（Schum Peter）于 1942 年探讨了规模经济的存在性，其认为规模经济与大型厂商规模相关，尤其与大型多工厂的厂商相关，印证了科斯的部分观点，不足之处是其认为大厂商和集中

① 约翰·穆勒. 政治经济学原理 [M]. 北京：商务印书馆，1991.
② 马克思. 资本论：第 I 卷 [M]. 北京：人民出版社，2004：362.
③ 马歇尔. 经济学原理：下卷 [M]. 陈良壁，译. 北京：商务印书馆，1964.
④ 斯拉法. 用商品生产商品 [M]. 北京：商务印书馆，1991.
⑤ 阿林·杨格. 报酬递增与经济进步 [J]. 经济社会体制比较，1996.
⑥ 琼·罗宾逊. 不完全竞争经济学 [M]. 王翼龙，译. 北京：华夏出版社，2012.
⑦ Ronald H. Coase. The nature of the firm [J]. Economic，1937（11）：386-405.

性产业的存在就表明了规模经济的存在①。而美国学者奈特（Knight）、西蒙斯（Simons）、舒马赫（Schumacher）则持相反观点，即小厂商也存在规模经济②。随后一些学者开始探究规模经济的测度，比较著名的有美国学者罗伯特·索洛（Solow）于1956年在运用索洛剩余法测度技术进步过程中，发现规模经济效应是存在的，但其不能从全要素增长率中分离出来，其基本假设是生产的规模收益不变。之后芝加哥学派乔治·施蒂格勒（George Joseph Stigler）和威廉·鲍莫尔（William Baumol）于1958年从动态视角全面阐释大批量生产所具有的规模经济效应，其认为规模经济反映的是企业规模与广义生产成本之间的关系，规模经济不构成进入壁垒，将创新纳入微观经济理论分析框架，将完全竞争模型转化为可竞争市场模型，发现规模经济不但没有效率损失，反而通过可竞争市场实现了动态效应③。而针对新古典理论无法解释现实的问题，哈维·莱宾斯坦（Harvey Leeibenstein）于1966年发表了《效率配置与X效率》，其论述了外在竞争压力大小与X-非效率（X-inefficiency Theory）之间的关系，指出非效率带来的"大企业病"正是企业发展规模经济的内在制约④。乔·贝恩（Joe Bain）于1968年以"马歇尔冲突"为分析起点，强调规模经济构成进入壁垒的重要性，"在位厂商若能长时间将产品售价定在最小生产成本以上，而不会引起潜在进入者进入的程度"，则说明进入壁垒存在⑤。基于科斯定理无法回答哪些因素决定了一笔交易的内部组织费用高还是市场交易费用高，威廉姆森（Williamson）于1985年引入资产专用性、交易频率等分析了企业规模扩张的动态平衡，研究发现规模过大和多样化的经营可能导致不经济，这两个方面的共同作用制约了企业规模边界的扩张⑥。巴克利（Buckley）和卡森（Casson）于1985年分析了内部化导致企业规模经济的原因，发现知识内部化可导致企业规模扩大⑦。迈克尔·波特（Michael Porter）分别于1985年和1990年，从企业追求竞争优势视角阐述规模经济产生的原因，其认为企业要想在和对手竞争中占优势，需通过规模化的设施降低成本，产生规模经济优势，增强其竞争力。而派恩（Pine）则和前人研究持相

---

① 熊彼特. 经济分析史：第1卷 [M]. 北京：商务印书馆，1991.
② 戴骥，葛琼. 规模经济问题的文献综述 [J]. 经济师，2009（1）：52-53.
③④ 何元贵. 中国汽车企业规模经济实证研究 [D]. 广州：暨南大学，2009.
⑤ 马歇尔. 经济学原理：上、下卷 [M]. 北京：商务印书馆，1981.
⑥ Williamson, O. E. The economic institutions of capitalism [J]. New York：Free Press，1985.
⑦ 巴克利，卡森. 跨国公司的未来 [M]. 北京：中国金融出版社，2005.

反观点，其认为随着当今科技和竞争的发展，企业要想实现规模经济，企业需要向大规模定制转变①。钱德勒（Chandler）于 1999 年在其著作《企业规模经济与范围经济》中提出"规模经济是指当生产或经销单一产品的单一经营单位因规模扩大而减少了生产或经销的单位成本时而导致的经济"，形成了现代规模经济的概念②。而哈特（Hart）在商品化经济迅速发展背景下，从"资产专用性"的角度提出规模经济不再是简单意义上的"产量规模"，而是一种多元化发展方式，不同企业在生产不同种类产品时，如果能实现资产利用的优势互补，积极发展多元化经济，也能够实现企业的规模经济③。以上学者的研究及其观点形成了现代规模经济理论体系。

随着经济学理论和数量方法在各学科的广泛应用，规模经济理论在农业领域也获得了不断完善和延伸，并逐渐形成一个较为完整的理论体系（彭群，1999）。在我国农业发展的过程中，学者们和执政者一直在探索农业规模经济发展问题，希望实现资源要素最优组合，提高劳动生产率，从而实现农业持续增长目标。当前实施严格环境规制背景下，生猪养殖规模受环境规制约束，如何寻找适度养殖规模，引导养殖户适度规模养殖，降低生产和交易成本，增加养殖户经济收入是个现实问题。本书以该理论为支撑，测算样本区生猪养殖户生猪规模养殖报酬情况，明晰是否存在规模经济，是否需要适度规模养殖，分析生猪规模养殖的影响因素，期望为实践提供更好的理论指导。

2.2.4 环境经济学理论

本书所用到的环境经济学理论分别是外部性理论、环境承载力评价理论。

（1）外部性理论。一般文献都把"外部性理论"和"公共品理论"视为解析"市场失灵"现象的两个重要理论支柱，然而本书的焦点并非是"市场失灵"在规律上的起源问题，而是关注基于公共厌恶品的负外部性现象及其应对，所以本书将"外部性理论"作为市场失灵在规制背景下的理论基础，并作简要介绍和回顾。

---

① 约瑟夫·派恩，大卫·安德森. 21 世纪企业竞争前沿：大规模定制模式下的敏捷产品开发 [M]. 北京：机械工业出版社，1999.

② 钱德勒. 企业规模经济和范围经济——工业资本主义的原动力 [M]. 北京：中国社会科学出版社，1999.

③ 倪娟. 奥利弗·哈特对不完全契约理论的贡献——2016 年度诺贝尔经济学奖得主学术贡献评价 [J]. 经济学动态，2016（10）：98 - 107.

Sidgwick（1887）第一次发现了经济学意义上私人产品与社会产品的不一致问题，并以灯塔案例探讨了政府干预的可行性。Marshall（1890）在历史上第一次明确提及"外部经济（External Economy）"[①]。基于 Sidgwick（1887）和 Marshall（1890）所做的开创性研究，福利经济学创始人庇古（Pigou，1920）以私人边际成本和社会边际成本、边际私人纯产值和边际社会纯产值等概念，建立了静态技术外部性理论的基本框架[②]，其认为，由于边际私人纯产值和边际社会纯产值的差异，新古典经济学中认为完全依靠市场机制可以形成资源的最优配置从而实现帕累托最优是不可能的。

简而言之，外部性（Externalities）是指个人或企业不必完全承担其决策成本或不能充分享有其决策成效（Benefit），即成本或收益不能完全内生化的情形[③]。这意味着个体的经济行为直接地影响其他个体的经济利益，被称为经济的外部性[④]。自 Bator（1958）的研究开始，经济的外部性现象就被明确看作是市场失灵的一类表现，并在完美竞争市场的一般均衡中规范地讨论外部性问题，完整地给出了外部性的新古典表述[⑤]。而丹尼尔·F. 史普博（Daniel F. Spulber）将外部性（Externality）界定为"在缺乏任何相关交易的情况下，一方所承受的，由另一方的行为所导致的后果，这种后果给承受方带来的效益可能是好的，也可能是坏的，前者一般称之为正外部性，后者一般称之为负外部性或外部不经济"[⑥]。

Marshall（1920）最初描述了一个简单的双边外部性情况。即存在两个消费者 a 和 b，相比古典经济学，外部性定义了消费者 b 的偏好不仅仅与自身对 L 种商品的消费束上（X_{1i}，…，X_{Li}），也定义在消费者 a 的行动 $h \in R_+$ 上。简单理解，h 就是这个外部性商品。通过定义消费者的间接（Derived）效用函数，并且省略 L 种商品的价格影响，最终得到了基于 h 参数的效用方程式：

$$v_i (w_i, h) = \varphi_i (h) + w_i \qquad (2.1)$$

---

① Marshall，A. Principles of economics [M]. London：Macmillan and Co.，1890.

② Pigou，A. The economics of welfare [M]. London：Macmillan，1920.

③ Scitovsky，T. Two concepts of external economies [J]. The Journal of Political Economy，1954（2）.

④ 蒋殿春. 高级微观经济学 [M]. 北京：北京大学出版社，2006.

⑤ Bator，F. M. The anatomy of market failure [J]. Quarterly Journal of Economics，1958（72）.

⑥ 丹尼尔·F. 史普博. 管制与市场 [M]. 余晖，等，译. 上海：人民出版社，1999：56.

其中，w_i 是指达到最优消费的财富水平。h 成为了定义中的关键。在帕累托最优配置上，必须有 $h = h^0$ 使得消费者 a 和 b 的联合剩余（Joint Surplus）最大化，那么根据古典经济学中一阶最优条件可知，这就意味着存在着一个充要条件：$\varphi'_1(h^0) = -\varphi'_2(h^0)$。当存在外部性的时候，必然有 $-\varphi'_2(h^0) \neq 0$。在现实中，如果给他人带来的是福利损失（成本），可称之为负外部性（Viner，1931），使得 $-\varphi'_2(h^0) < 0$，我们就可以看到负外部性的竞争均衡水平 h^* 与帕累托最优水平 h^0 的差异，详见图 2-1。

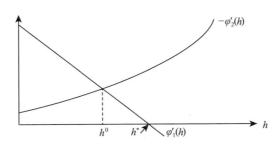

图 2-1　负外部性的竞争均衡水平与帕累托最优水平

以上，可知最优水平是无法消除负外部性的，与此相反的是，负外部性状态下消费者 a 的边际收益刚刚等于消费者 b 增加的边际成本，总之就是市场无效率。

要论及负外部性，就不得不提及公共物品（Public Goods）。公共物品是指，一个人使用一单位该物品不会妨碍其他人使用它[1]。公共品大致有两种：好的公共品和坏的公共品，即公共厌恶品。公共品天然的具有非消解（Non-depletable）的性质，这一重要性质决定了，以强制财产权推行对外协商的内部化进程必然是无效的[2]。且固有的"搭便车"问题证明了，试图通过大范围私有化改变公共品联合供给为私人的公共物品供给也必然是无效率的，这也就进一步降低广泛契约达成的可能性（Laffont J. J.，1988）。尽管 Lindal（1919）设想存在一种个人市场化的均衡消除外部性，但是在实践中，我们尚难以找到一种基于市场机制的方式去限制个人抛弃公共厌恶品[3]。为了解决这一理论问题，经济学们提出了配额和庇古税两种基本方式。然而最大的难点就

---

[1][3]　Mascollel A，Whinston M D，Green J R. Microeconomic theory［M］. Shanghai University of Finance and Economics Press，2005.

[2]　Chipman J S. External economies of scale and competitive equilibrium［J］. Quarterly Journal of Economics，1970，84（3）：347-385.

是，这两种都具有过强的前设条件：政府必须具有外部性商品的所有成本和收益信息。此外，征收庇古税还存在着征税难的问题，比如只能对排污设备企业进行惩罚却不能对排污行为进行征税[①]，且由于完全市场下竞争者进入，征税行为可能只会降低单个厂商的产量却不会降低污染水平。科斯（Coase，1960）提出不存在个人信息（Privately Held Information）不对称条件下的外部性交易，然而"极度清晰的产权边界"和"强法律规制"是有效交易达成的前提[②]。如果一旦对外部性成本测量活动的成本极其高昂，最优的结果仍然是外部性继续存在。然而，真实的市场不仅仅是两个生产者或消费者。大多数情况下，特别是小农生产中，外部性都是由很多个体产生并有很多个体经历的。这就是多边情形下的外部性问题。双边问题的情形几乎可以简单推广到多边情形之下，说明：不可消解的多边外部性是无法获得纯粹市场解的。尽管如此，Starrett（1972）提及了部分市场解的存在性，即多边条件下政府通过严格控制外部性总量 h^o 的基础上，推行配额 q，进而得到外部性的集权解。在这一背景下，外部性许可是可交易的，通过区域市场的有效交易，产生帕累托配置[③]。该思路最大的问题就是，政府无法确定哪些企业是可以承担降低外部性的重任。

以上理论给本书的启示是：生猪养殖产生的废弃物污染，是典型的负外部性问题，导致"市场失灵"，需要实施政策干预来解决外部性问题，政策手段包括税收、贴息、投资等，使得外部成本内部化，实现资源优化配置，使生产达到最优状态，使生产稳定在社会最优水平。考虑政策手段情况下，社会成本应为私人成本和外部成本（即环境成本）之和，才能使产出符合社会效率。若考虑社会成本时，市场形成的产出水平（Q_0）远远高于社会有效率的水平（Q_1），而市场价格（P_0）远远低于社会有效率价格（P_1），见图 2-2，原因是当只考虑私人成本时，相当于使用了一种生产投入品而没有付费。本书以上述理论为支撑，在当前实施严格环保规制现实背景下，从污染治理成本内部化视角对生猪养殖户适度养殖规模进行测度与评判。

（2）环境承载力评价理论。环境承载力源于生态学中的承载力与土地承载力以及环境容量的概念。承载力（Carrying Capacity）的概念最早出现在古希

① Samuelson P A. The pure theory of public expenditure [J]. Review of Economics & Statistics, 1954，36（4）：387-389.

② Coase R H. The problem of social cost [J]. Journal of Law & Economics，2013，3（4）：1-44.

③ 李绍荣. 帕累托最优与一般均衡最优之差异 [J]. 经济科学，2002，24（2）：75-80.

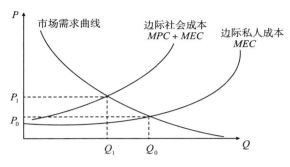

图 2-2　外部成本和市场产出

腊著名哲学家亚里士多德的一些著作中。承载力原为力学概念，是指物体在不产生任何破坏时所能承受的最大负荷，可通过实验或经验公式方法进行度量。此后，承载力的概念被逐渐引入生物学和区域系统中，分别是指某一生境所能支持的某一物种的最大数量和区域系统对外部环境变化的最大承受能力[①②③]。18 世纪末期的马尔萨斯（Malthus）对承载力概念赋予现代内涵，对后来达尔文的生物学和生态学乃至 20 世纪的人口学、经济学及生态学研究产生了深远的影响[④]。1838 年，费尔哈斯特（Verhulst）根据马尔萨斯（Malthus）的基本理论提出著名的斯蒂方程，成为承载力概念最早的数学表达式[⑤]。19 世纪后半叶至 20 世纪 20 年代，承载力的概念逐步被应用到畜牧场管理中。帕克（Park）和伯吉斯（Burgess）于 1921 年将承载力概念引入到人类生态学领域，认为承载力是在某一特定环境条件下（主要指生存空间、营养物质、阳光等生态因子的组合），某种生物个体存在数量的最高限额[⑥]。由此可知，关注极限

①　Cohen J E. How many people can the earth support?　[M]. New York：W. W. Norton & Co.，1995.

②　Dhondt A A. Carrying capacity：a confusing concept [J]. Acta Oecologica/Oceologia Generalis，1988，9（4）：337-346.

③　Clarke A L. Assessing the carrying capacity of the florida keys [J]. Population & Environment，2002，23（4）：405-418.

④　Thomas Malthus. An essay on the principle of population，as it affects the future improvement of society with remarks on the speculations of Mr. Godwin，M. condorcet，and other writers [M]. London，Printed for J. Johnson，In St. Paul's Church-Yard，1798.

⑤　P. F. Verhulst's. Notice sur la loi que la population suit dans son accroissement from correspondence mathématique et physique [J]. Ghent，1838（10）：113-121.

⑥　Park R F，Burgoss E W. An introduction to the science of sociology [M]. Chicago：The University of Chicago Press，1921.

容量是早期承载力概念的主要特点，但承载机制问题尚未得到重视，研究对象的范围也有限。Hawden 等 1922 年从草地生态学角度提出了新的承载力概念：承载力是草场上可以支持不会损害草场的牲畜数量[①]。此时对承载力的研究已从绝对数量转向到相对数量平衡，并突出承载体对承载力的重要性。奥德姆（Odum）1953 年赋予了承载力概念较精确和清晰的数学形式。此时期随着资源耗竭和环境恶化等全球性问题爆发，人们逐渐意识到生态系统与人类之间的相互矛盾和依存关系，承载力的研究范畴迅速扩展到整个生态系统。日本学者于 1968 年将环境容量的概念引入到环境科学中，环境容量就是环境承载力概念的理论雏形。相比环境容量，承载力研究更多考虑环境变化和人类活动对生态环境的影响[②]。研究目的由种群平衡延伸到社会决策，承载本质由绝对上限走向相对平衡，研究对象日益复杂，概念核心由现象描述转向机制分析，承载理念由静态平衡转到动态变化，进而深入到系统可持续发展[③]。20 世纪 70—80 年代，FAO 和联合国教科文组织（UNESCO）先后组织了承载力研究，提出一系列承载力定义和量化方法[④⑤]。当前承载力研究在人口、区域、城市、自然资源、生态系统管理以及环境规划和管理等领域都得到了广泛的应用，同时催生了诸如生物物理承载力、文化承载力、社会承载力等一系列外延概念和量化模型[⑥⑦]。关于环境承载力目前大致从容量、阈值、能力[⑧]三个角度对环境承载力的概念进行诠释。

① Hadwen I A S, Palmer L J. Reindeer in Alaska [M]. Washington：US Department of Agriculture，1922.

② 程国栋. 承载力概念的演变及西北水资源承载力的应用框架 [J]. 冰川冻土，2002，24（4）：361 - 367.

③ 王开运，邹春表，张桂莲，等. 生态承载力复合模型系统与应用 [M]. 北京：科学出版社，2007.

④ FAO. Potential population supporting capacities of lands in developing world [R]. Rome：Food and Agriculture Organization of the United Nations，1982.

⑤ UNESCO & FAO. Carrying capacity assessment with a pilot study of Kenya：a resource accounting methodology for exploring national options for sustainable development [R]. Rome：Food and Agriculture Organization of the United Nations，1985.

⑥ Hardin G. Cultural carrying capacity：a biological approach to human problems [J]. Bio Science，1986，36（9）：599 - 604.

⑦ Daily G C, Ehrlich P R. Socioeconomic equity，sustainability，and earth's carrying capacity [J]. Ecological Applications，1996，6（4）：991 - 1001.

⑧ 高吉喜. 可持续发展理论探索：生态承载力理论、方法与应用 [M]. 北京：中国环境科学出版社，2001：6 - 15.

环境承载力根据广义和狭义"环境"概念，其研究内容包括两部分，一是广义上的内容包括三方面，分别是：自然资源，包括不可再生资源和在生产周期内不能更新的资源，如土地资源、能源资源、矿产资源；环境生产力，包括生产周期内可再生的资源，如生物资源、水资源等，以及环境容量等；社会经济技术，包括社会物质基础、产业结构、经济综合水平三大类[①]，二是狭义上的内容，包括环境承载力、土地承载力、种群承载力、资源承载力、生态承载力等共同称为可持续发展承载力。

针对牲畜养殖主要面对的是土地承载力问题。土地资源也是人类赖以生存和发展的自然资源，随着土地、粮食与人口之间矛盾的日益加剧，土地生产能力与人类粮食需求能否平衡日益成为国内焦点。以现有土地可以承载多少人口为着眼点，帕克（Park）等在 1921 年首次提出了土地承载力概念[②]。直到 20 世纪 70 年代之后，以协调人地关系为中心的承载力研究再度兴起，期间较具影响的有：1970 年初澳大利亚的土地资源承载力研究[③]；1977 年 FAO 开展的发展中国家土地的潜在人口支持能力研究[④]；1980 年 UNESCO 资助的基于 ECCO 模型的肯尼亚、毛里求斯、赞比亚等发展中国家资源承载力的研究等[⑤]。我国由于土地、粮食与人口之间的矛盾较为尖锐，土地承载力也是开展较早且应用最为广泛的资源环境承载力研究领域。1986 年以前，任美锷、竺可桢先生是我国承载力研究的先驱[⑥⑦]。此后很多学者从不同角度对生物生产潜力进行了原创性研究，在概念界定、机理分析和估算等方面做了大量工作，并采用各自的模型和方法对中国不同区域、不同作物的生产潜力进行了估算，

---

① 郭秀锐，毛显强，冉圣宏. 国内环境承载力研究进展［J］. 中国人口资源与环境，2000（51）：28 - 30.

② Park R F，Burgoss E W. An introduction to the science of sociology［M］. Chicago：The University of Chicago Press，1921.

③ Australian UNESCO Seminar，Australian UNESCO Committee for man and the biosphere. Energy and how we live：Flinders University of South Australia，16 - 18 May，1973［M］. Canberra：Australian-UNESCO Committee，1973.

④ FAO. Potential population supporting capacities of lands in developing world［R］. Rome：Food and Agriculture Organization of the United Nations，1982.

⑤ UNESCO & FAO. Carrying capacity assessment with a pilot study of Kenya：a resource accounting methodology for exploring national options for sustainable development［R］. Rome：Food and Agriculture Organization of the United Nations，1985.

⑥ 任美锷. 四川省农作物秤力的地理分布［J］. 地理学报，1950，16（1）：1 - 22.

⑦ 竺可桢. 论我国气候的几个特点及其与粮食作物生产的关系［J］. 地理学报，1964，30（1）：1 - 13.

还有部分学者从人口角度出发，综合考虑土地面积、农作物增产潜力和营养水平等对未来我国适宜人口规模进行了评估①②，这些都为以后开展的土地资源承载力研究奠定了科学基础。

20世纪80年代至今，我国已先后进行过三次颇具代表性的、大规模的土地资源承载力研究工作：一是中国科学院自然资源综合考察委员会主持完成的"中国土地资源生产能力及人口承载量研究"，开创了国内土地资源承载力系统研究的先河③；二是国家土地管理局在联合国开发计划署和国家科委的资助下，与FAO合作完成的"我国土地的食物生产潜力和人口承载潜力研究"④；三是中国科学院地理科学与资源研究所主持完成的"中国农业资源综合生产能力与人口承载能力"研究，进一步拓展了土地资源承载力研究的领域和范围⑤。三次大规模的土地资源承载力研究均以生态区作为研究单元，着重评估了我国土地资源承载力的总量、地域类型和空间格局，为后来的土地资源承载力研究奠定了理论与方法基础。期间，还有很多专家学者对中小尺度的土地资源承载力进行了研究⑥，丰富了区域层面土地资源承载力的研究内容并发展了研究方法。但必须指出的是，这一时期的研究在方法和标准上存在较大差异，相关研究成果难以互相利用并推广，且多注重承载力运算结果，对资源状况、平衡关系、生产过程的探讨有待深入，从而影响了研究的实用价值。

本书以环境承载力评价理论中的土地承载力理论为支撑，从种养结合型养殖户的土地消纳生猪粪污能力视角，测算样本区种养结合型养殖户生猪适度养殖规模。

2.2.5 行为决策理论

行为决策是指在选择时没有经过深思熟虑，仅依据临时的直观感受做决策⑦。

---

① 龙斯玉. 江苏省农业气候资源生产潜力及区划的研究 [J]. 地理科学，1985，5 (3)：218-226.
② 宋健，孙以萍. 从食品资源看我国现代化后所能养育的最高人口数量 [J]. 人口与经济，1981 (2)：2-10.
③ 《中国土地资源生产能力及人口承载量研究》课题组. 中国土地资源生产能力及人口承载量研究 [M]. 北京：中国人民大学出版社，1991.
④ 郑振源. 中国土地的人口承载潜力研究 [J]. 中国土地科学，1996，10 (4)：33-38.
⑤ 陈百明. 中国农业资源综合生产能力与人口承载能力 [M]. 北京：气象出版社，2001.
⑥ 党安荣，阎守邕，吴宏歧，等. 基于GIS的中国土地生产潜力研究 [J]. 生态学报，2000，20 (6)：910-915.
⑦ 邵希娟，杨建梅. 行为决策及其理论研究的发展过程 [J]. 科技管理研究，2006 (5)：203-205.

该理论源于 1953 年和 1961 年提出的阿莱斯悖论①和爱德华兹悖论②，随后随着认知心理学的发展，该理论逐渐形成，爱德华兹（Edwards）教授总结了 1954 年以来的实验研究，于 1961 年首次系统提出行为决策理论③。该理论主要探讨"人们在实际中怎样做决策"及"为什么会这样决策"，以心理学、认知心理学、社会心理学等理论基础，主要考虑决策者个人利益与权利的诉求，弥补了理性决策的不足和弊端，将人类的决策行为作为基本因素，采用自然科学的实证方法对决策过程中的人类行为进行评估，并给出一系列建立在实验证据基础上的观点和理论④。行为决策主要研究四方面内容⑤：一是问题识别和分析过程中的行为因素、知觉、记忆等心理因素对问题发现和界定的影响，决策目标确立过程中的行为因素、抱负水平对决策目标的影响，决策方案形成过程中的行为因素、谋略心理和创造力的引发方法；二是基于复杂的决策结构对决策进行评价和抉择的行为过程，在不确定决策情形下，概率判断、效用估计、修正判断意见的思维方法和认知偏差，决策者对待风险的态度；三是群体和组织决策过程中的心理、政治和社会因素，组织内存在多元目标时，行为和偏好的冲突，决策执行过程中的群体行为；四是以统计决策理论为基础，对个人决策行为的心理分析，通过实验研究，在概率判断、效用估计、修正判断意见及方案抉择的过程中，对可能出现的偏离理性原则的行为进行描述，并根据决策任务的特征和决策者的心理因素对这种非理性行为作系统解释。目前该理论主要采用观察法、调查法、实验法等实证研究方法，研究范式是首先提出个体决策行为假说，然后通过实验设计、调查实验和访谈等方法获得实际情况，对假说进行检验，得出结论，最后对决策行为进行评估和修正优化。

行为决策理论经历了三个发展阶段⑥：一是 20 世纪 50 年代至 70 年代中期，判断和选择的信息处理阶段，为行为决策理论发展的萌芽期。认知心理学的发展对该阶段的行为决策产生了重大影响，该阶段主要集中探讨理性决策理论的不足和弊端，还没有形成独立的研究领域，此阶段的主要工作可分为"判

①　Allais，M. Le comportment de l'homme rationnel devant le risque：critique des postulats et axiomes de l'école Américaine [J]. Econometrica，1953 (21)：503 - 546.

②　Ellsberg，D. Risk，ambiguity，and the savage axioms [J]. Quarterly Journal of Economics，1961 (75)，643 - 699.

③　Edwards W. Behavioral decision theory [J]. Annual Review of Psychology，1961 (12)：473 - 498.

④　祝颐蓉. 决策行为的文化差异分析 [D]. 武汉：华中科技大学，2005.

⑤　郭鹏，梁工谦，赵静，等. 数据、模型与决策 [M]. 西安：西北工业大学出版社，2016：308.

⑥　黄成. 行为决策理论及决策行为实证研究方法探讨 [J]. 经济纬，2006 (5)：102 - 106.

断"和"抉择"两类；二是 20 世纪 70 年代中期到 80 年代中后期，与理论决策模型对照的研究阶段，为行为决策理论的兴起期。此阶段该理论已成为一门独立的研究科学，在经济、金融、管理等领域的应用逐渐增强，其研究对象也扩大到决策过程的所有环节，深入探索决策人在决策行为的各个阶段是如何具体完成的，提多了具有深远影响的理论，如卡尼曼（Kahneman）[①] 和特维斯基（Tversky）[②] 经过大量研究，提出了充分展示人类决策行为复杂性和不确定性的"前景理论"[③]、理查德·塞勒（Richard Thaler）提出的"心理账户"[④]等；三是 20 世纪 80 年代中后期开始至今，行为变量嵌入理性决策模型阶段，为行为决策理论的蓬勃发展期。此阶段不再对理性决策发起挑战，而是通过概括行为特征、提炼行为变量，将其应用到理性决策的分析框架中，逐渐向传统理性决策理论渗透。经过改善或替代后的决策模型不仅考虑客观的备选方案及环境对其影响，而且包含了决策者认知局限性、主观心理因素及环境对决策者的心理影响等因素，此时的模型适应性更强。该阶段对金融领域进行了大量研究，提出了 BSV 模型、DHS 模型、HS 模型、BHS 模型、主观概率的 S 理论[⑤]等。

该理论于 20 世纪 80 年代初引入我国，并得到广泛应用和拓展，如阿莱斯（Allais）的"确定效应"、卡尼曼（Kahneman）和特维斯基（Tversky）的"框架效应"、利希登斯坦（Lichtenstein）和斯洛维克（Slovic）的"偏好反转"经典研究等，在研究方法上也有所创新，尝试使用动态决策模型、计算机模拟技术和神经网络模拟等。而我国生猪养殖户的共同属性是追求生猪养殖利益的最大化，但是不同养殖户其知识背景、经验经历、行为喜好、心理特征等方面都因人而异，均会对其生猪适度规模养殖决策产生影响。该理论对本书的启示是：首先，以该理论为支撑，遵循该理论研究范式，采用问卷调查或者访

---

① Tversky A, Kahneman D. Prospect theory: an analysis of decision making under risk [J]. Econometrica, 1979, 47 (2): 263 - 291.

② Tversky A, Kahneman D. Judgment under uncertainty: heuristics and biases [J]. Science, 1974 (185): 1124 - 1131.

③ Tversky A, Koehler D. Advances in prospect theory: cumulative representation of uncertainty [J]. Journal of Risk and Uncertainty, 1992 (5): 297 - 323.

④ 心理账户是人们在心理上对结果的编码、分类和评估的过程，揭示了人们在进行（资金）财富决策时的心理认知过程。

⑤ Tversky A, Koehler D. Support theory: a nonextensional representation of subjective probability [J]. Psychological Review, 1994, 101 (4): 547 - 567.

谈等科学研究方法，考虑生猪养殖户的个人利益与权利的诉求对其养殖规模决策的影响；其次，探讨在环境规制实施背景下，生猪养殖户如何做适度规模养殖决策，养殖决策背后的内心认知和动机及影响因素等。

2.3 理论分析框架

在借鉴已有相关研究成果基础上，结合环境规制实施背景实际，以有限理性理论、行为决策理论、规模经济理论、环境经济学理论、规制经济学理论为支撑，来构建生猪适度规模养殖决策的理论分析框架，其次对生猪养殖户"是否需要适度规模养殖"、"适度养殖规模区间为多少"、"如何进行适度规模养殖决策"、"影响适度规模养殖决策的因素有哪些"问题进行理论分析，并在此基础上提出待验证的研究假说。

2.3.1 理论分析框架构建

由有限理性理论可知，生猪养殖户作为有限理性"经济人"，其生猪养殖以获得满意经济效益为主要目标。也就是说，生猪养殖户在做生猪养殖规模决策时，受其自身经济利益驱使，总是期望以给定的生产要素而获取满意的经济效益。而当前生猪养殖户已不是传统的小农，其既是生产者，也是消费者，其生猪养殖不仅满足自身需求，还要寻求经济利润最大化，其经济行为的基本特点就是要追求效用最大化，可用下列的等式来表述：

$$maxU = U (A_1, A_2, A_3, \cdots, A_n) \qquad (2.2)$$

式（2.2）中，A_1，A_2，A_3，$\cdots$，A_n 是生猪养殖户将追求的目标，但这些目标可以在既定的约束条件下，通过选择不同的生产要素（资金、劳动力、土地等），采用不同的要素组合生产方式，养殖户可以达到养殖经济效益的最大化。但规模经济理论与此观点相反，由该理论可知生猪养殖户为了获得较高的经济效益，会扩大生猪养殖规模进行规模养殖，开始时随着养殖规模的增加，生产要素达到帕累托最优，平均成本降低，出现规模经济，获得较高经济效益，当养殖规模超过一定边界后，生产要素配置效率达不到帕累托最优，成本增长高于收益增长速度，养殖规模就不存在规模经济，养殖户养殖经济效益将受损，与其生猪养殖目标不一致，作为有限理性"经济人"，养殖户会调整缩减养殖规模，缩减至适度养殖规模区间，而适度养殖规模区间是多少？养殖户如何将养殖规模调整到适度养殖规模区间？

　　回答前一个问题，首先需要对生猪养殖户养殖规模进行识别，即通过测算生猪养殖规模报酬情况，识别是否存在规模经济，若存在规模经济或规模收益不变，表明生猪养殖户养殖规模适度，不需要调整，若存在规模不经济，表明生猪养殖户养殖规模过大或过小，需要调整养殖规模至适度规模区间。其次，以规模经济理论、有限理性理论、规制经济学理论、环境经济学理论（外部性理论、环境承载力评价理论）为支撑，对生猪养殖户适度规模养殖进行理论分析，基于生猪养殖户作为理性"经济人"特征，其生猪养殖的首要目标是获取经济效益，从经济效益的外在表现形式养殖经济利润出发进行测度，也符合本书研究的前提假设，并在此基础上考虑环境规制因素和种养结合型养殖户土地粪污承载力因素，分别从养殖利润最大化、全要素生产效率、污染治理成本内部化、土地粪污消纳能力视角测度生猪适度养殖规模，弥补测度视角之不足，回答问题"适度规模养殖区间是多少"，力求所得结论与现实相符，更好地指导生猪养殖。

　　回答后一个问题"养殖户如何将养殖规模调整到适度养殖规模区间"，实质上是在解决了前一个问题后，探讨养殖户适度规模养殖决策问题，由行为决策理论可知，即探讨怎样做生猪适度规模养殖决策？首先，以行为决策理论、有限理性理论、规模经济理论、规制经济学理论为支撑，对环境规制背景下生猪养殖户适度规模养殖决策行为、决策过程进行理论分析。其次，在借鉴Guagnano 等(1995)、Ogurtsov 等(2008)、虞祎等（2011）、周力（2011）、王海涛（2012）、汤颖梅（2012）、孙世民等（2012）、廖翼和周发明（2013）、闵继胜和周力（2014）、周晶等（2015）、左志平等（2016）等研究基础上，基于已有研究得出的生猪政策、生猪价格、产业组织、风险态度等结论，结合当前实施严格环境规制背景，增加具体技术水平[①]、具体养殖风险[②]、污染治理压力[③]等变量，联合养殖户文化程度、专业养殖程度、交通条件等控制变量，分析并验证非环境规制因素、环境规制因素及其交互项对生猪养殖户适度规模养殖决策的影响，从微观层面探讨环境规制因素影响，明晰影响养殖决策

---

　　① 疫病防控技术水平（注射疫苗）、疾病防治技术水平（合理用药）、饲料选用与配比技术水平、快速育肥技术水平、饲养管理技术水平。

　　② 生猪疫病风险、饲养技术风险、管理不善风险、自然灾害风险、政策变化风险、环境污染风险、市场价格波动风险（生猪、仔猪、饲料、玉米等价格波动风险）。

　　③ 污染治理压力指在当前国家实施严格的环境规制背景下，生猪养殖户基于自身条件和处理设施，对其生猪养殖过程中产生的粪便、尿液、废水及病死猪等进行无害化处理的难度，其污染物处理难度大表示治理压力大。

行为的具体关键技术和风险，从微观层面揭示养殖户如何做适度规模养殖决策，进行适度规模养殖。克服已有研究过多从非环境规制因素而未从具体技术水平、具体养殖风险、污染治理压力微观层面探讨生猪规模养殖及养殖决策影响方面之不足，过多从宏观层面探讨环境规制对生猪生产布局变迁影响，而未从微观层面探讨环境规制因素对生猪养殖户适度规模养殖决策影响方面之不足。基于以上分析，本书提出"适度规模养殖识别-适度养殖规模测度-适度规模养殖决策及其影响因素探析-适度规模养殖"理论分析框架，详见图 2-3。

2.3.2　生猪养殖户适度规模养殖理论分析

2.3.2.1　生猪养殖户适度规模养殖分析

（1）获取经济效益是适度规模养殖的主要目标。由有限理性理论可知，生猪养殖户作为有限理性"经济人"，生猪养殖以获得经济效益最大化为主要目标，也是其首要动机，虽然由于内外在因素的制约，其生猪养殖过程中不可能实现经济效益最大化，但目前关于其以获取经济效益最大化为主要目标这一观点是一致的。因此，从经济效益最大化视角分析当前环境规制下生猪养殖户的养殖行为，能够反映出养殖户的真实养殖行为状况，这也是本书研究的始点。

（2）生猪养殖存在规模经济和规模不经济。经典微观经济学理论表明，生猪养殖户生猪养殖可以通过两个方法来实现其产量增加，即长期生猪生产扩展线和短期生产扩展线。在投入要素价格不变条件下，如果通过长期的生产扩展线实现产量增加，意味着生猪养殖的投入要素按相同比例增加，即规模扩大；如果通过短期生产扩展线实现产量增加，则不能称为规模扩大。一旦生猪养殖户通过长期生产扩展线增加产量，则在不同产量下所对应的总成本均是最低的。因此，理性养殖户则会选择通过长期扩展线来实现产量的增加。为了区别短期成本，把通过长期生猪生产扩展线而实现的产量称为规模产量（图 2-4）。尽管通过长期的生产扩展线增加产量，相应的总成本均是最低的，但并不代表长期平均成本是最低的，原因是随着规模产量的增加，长期平均成本先递减后递增，会产生规模经济与规模不经济两种状态（图 2-5）。借鉴许庆等（2011）、吴林海等（2015）的研究，把生猪规模报酬递增与递减的概念等同于生猪规模经济与不经济，原因是生猪规模报酬递增是规模经济的充分而非必要条件。

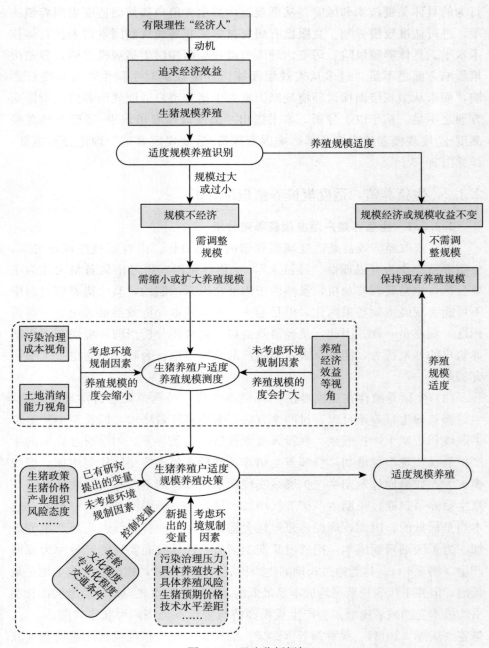

图 2-3　理论分析框架

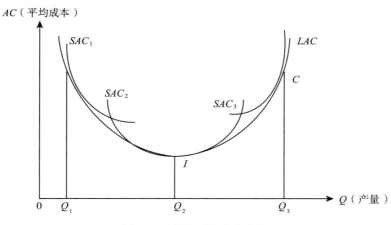

图 2-4 长期平均成本曲线

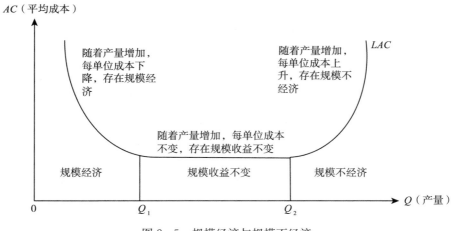

图 2-5 规模经济与规模不经济

（3）适度规模养殖是养殖户的必然养殖行为。由规模经济理论可知，最初随着生猪养殖规模的扩大，单位成本逐渐下降，出现规模报酬递增，存在规模经济，养殖户获得了较高的经济效益，助推了其继续扩大养殖规模的动力。随着养殖规模扩大，单位成本先出现不变，后呈上升态势，分别出现规模报酬不变和报酬递减，存在规模收益不变和规模不经济，养殖户经济效益先后出现不变和递减，见图 2-4、图 2-5，表明生猪养殖规模不是越大越好，需要适度规模养殖，适度规模养殖区间如图 2-4 中的 $[Q_1，Q_3]$、图 2-5 中的 $[Q_1，Q_2]$，最优养殖规模为图 2-4 中的 Q_2。生猪养殖户作为有限理性"经济人",以获取经济效益为主要目标,当其养殖规模位于适度规模养殖区间以外时,其将处于亏损阶段,也就无法获得经济效益,因此适度规模养殖将是生猪养殖户养殖过程中的必然行为。

已有相关研究指出我国未来应鼓励发展生猪规模养殖,但在发展中以适度规模为宜(何晓红和马月辉,2007;孙世民,2008;杜丹清,2009;张喜才和张利痒,2010;李明等,2012;吴敬学和沈银书,2012)。而闫振宇和徐家鹏(2012)、闫振宇和徐家鹏(2012)、潘志峰和吴海涛(2014)、吴林海等(2015)、王德鑫等(2015)、田文勇等(2016)等分别从生产效率、治理成本内部化、环境规制背景视角对全国不同区域、湖北、江西、江苏、四川等省份的生猪最优养殖规模或适度养殖规模进行测度,发现生猪养殖存在适度规模或最优规模,且生猪养殖适度规模区间与规模经济区间重叠。以上研究可知,适度规模养殖能产生规模经济效益,但是规模与效益的关系并不一定是线性关系,生猪养殖规模的决策还要根据不同地区自然地理条件,运用科学的测度方法进行测度,才能确定效益最高的适度养殖规模。

2.3.2.2 生猪养殖户适度养殖规模测度分析

(1)未考虑环境规制。规模经济理论认为经营规模显著影响单位产出成本,经营规模扩大,成本一般随之下降,但当规模扩大到一定程度时,成本的下降便会停止。由图 2-6 可知,E 点是长期平均成本曲线 LAC 最低点,对应养殖规模为 Q,规模经济区间和规模不经济区间依次位于 Q 点的左边和右边。P 为价格线,表示生猪出栏价格(假定为定值)。当规模处于 Q_0 时,生猪单位养殖成本 C_0 明显高于价格 P,此时养殖利润为负。当养殖规模 Q_0 扩大到 Q_1 时,生猪养殖由亏本转为保本,Q_1 为适度养殖规模的起点。随着养殖规模的扩大,出栏价格高于单位养殖成本,出现规模经济,到达 Q 点时,单位养殖成本达到最低,规模经济效益达到最大,Q 为最佳养殖规模。继续扩大养殖规模,单位养殖成本出现上升,进入规模不经济区间,当到达养殖规模 Q_2 时,生猪养殖纯收益达到最大,若再继续扩大养殖规模会出现亏损。

由以上分析可知,理论上生猪适度养殖规模是存在的,即寻找两个临界规模点,位于两个点之间的规模是"适度"的,如图中的区间 $[Q_1,Q_2]$。现实中当生猪养殖户年养殖规模达到区间 $[Q_1,Q_2]$ 规模时,表明养殖户达到适度养殖规模,否则反之,而养殖户每年生猪养殖规模呈动态变化,由其养殖决策的变化引起和决定,由此可知生猪养殖户适度养殖规模也随其养殖决策的变化而变动,为动态值。

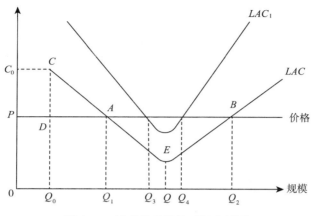

图 2-6　适度养殖规模区间分析图

（2）考虑环境规制。随着近年来我国生猪规模化发展进程的加快，大量小规模养殖户和散养户逐渐退出，生猪规模养殖已成为未来我国生猪发展的主要趋势。然而，随着生猪养殖规模的扩大，生猪养殖与生态环境之间的矛盾凸显，突出表现在三方面：一是生猪规模养殖产生了大量的粪污废弃物，超过了周边环境承载力，加之当前养殖户缺少先进的粪污处理设备和技术，粪尿废弃物等严重地污染了周边环境。二是种养分离导致粪污不能及时还田或养殖户拥有的消纳土地不足，加之还田粪污运输成本和无害化处理成本较高及粪污肥力效果不明显，导致粪污得不到有效处理，造成严重的环境污染风险。三是养殖户环保意识不强，加之粪污处理需要投入较高的成本，导致生猪粪尿废弃物随意排放成为可能，导致了严重的环境污染问题。为保护环境，实现生猪产业可持续发展，国家实施了严格的环境规制，对环境质量要求更加严格。外部性理论认为，在当前严格环境规制实施背景下，须处理好生猪养殖环保问题，外部成本（环境治理成本）将内部化，成为养殖户生猪养殖成本的一部分，养殖成本将增加；而在总成本相对固定的情况下，将导致用于生猪养殖的生产成本下降，进一步导致生猪生产投入降低，导致其缩小养殖规模，即环境质量要求越高，环境规制越严格，对生猪养殖规模的约束越明显，环境规制对生猪养殖规模的影响见图 2-7。

国外已有研究表明欧洲污染严重的养猪企业会由环境监管严格的地区转移到相对宽松的地区进行生猪养殖（Mulatu & Wossink，2014），而当前我国生猪产业方面，东、中、西部地区实施的环境规制存在强弱差异，环境规制均显

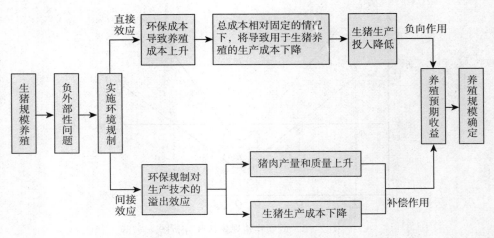

图 2-7　环境规制对生猪适度规模养殖的影响

著地推动了生猪产业的区域间转移，其中东部地区规制作用最强，中、西部地区相对较弱（刘聪和陆文聪，2017），其调节效应和实施效果也存在差异（孔祥才和王桂霞，2017；林丽梅等，2018），该差异导致我国生猪生产布局发生变化，空间布局上从东南向西部和东北地区转移（周建军等，2018）。但环境规制对本地区生猪生产有抑制作用，当期较为成熟的环境规制抑制作用最强，早期实施的相对较弱（虞祎等，2011；魏晓博和彭珏，2017），从对不同养殖规模主体抑制作用程度来看，主要对养殖大户的抑制影响较显著（侯国庆和马骥针，2017）。

　　由规模经济理论可知，由于当前我国生猪规模化水平不高，其有扩大养殖规模追求满意利润的动力，因此，当养殖户生猪养殖规模为 Q_1 时，其可能扩大养殖规模，即 Q_1 向 Q_3 移动（图 2-6）。而在当前环境规制背景下，由外部性理论可知，生猪养殖户承担污染治理成本，成本压力导致养殖户缩小养殖规模，即 Q_2 向 Q_4 移动，适度规模养殖区间将比未考虑环境规制时小，为 $[Q_3，Q_4]$，区间范围将小于未考虑环境规制下的区间 $[Q_1，Q_2]$，见图 2-6。同理，由环境承载力评价理论可知，我国生猪养殖户所拥有消纳生猪粪污的土地面积较小，虽然土地复种指数较高，农作物从土壤中吸收氮磷总量较大，若从土地承载力和承载水平阈值角度决策，生猪养殖户应缩小养殖规模，适度养殖规模区间可能为 $[Q_3，Q_4]$，区间范围也将小于 $[Q_1，Q_2]$，见图 2-6。已有研究发现随着环境规制的实施，环境污染治理成本在畜禽养殖成本中的比重将上升

（王俊能等，2012），加之当前我国生猪养殖污染"生态化治理"模式和"工业化治理"模式分别面临着土地资源、设备投入和运营维护成本的制约，将导致养殖户面临污染治理压力，迫使其缩减养殖规模（吴林海等，2015）。

基于以上分析和借鉴已有研究着重从经济效益评价和生产效率视角测度之不足，本书首先对研究区内的生猪养殖户规模养殖是否存在规模经济、是否需要适度规模养殖进行判断，其次以有限理论、环境经济学中的外部性理论、环境承载力评价理论为支撑，从养殖利润、全要素生产效率、污染治理成本内部化、土地消纳能视角测算养殖户适度养殖规模，结合养殖户近三年实际养殖规模进行综合评判。选取的变量为投入产出变量，分别是生猪产量水平下资本、劳动力、土地、生猪出售规模及环境污染治理成本（即生猪养殖给周边带来的经济损失），土地为养殖户生猪圈舍占地及其拥有的有效耕地，产出为生猪出售规模及产量。基于以上分析和已有研究结论，提出以下研究假说：

H$_1$：在当前环境规制背景下，生猪适度养殖规模区间将缩小。

2.3.3　生猪养殖户适度规模养殖决策理论分析

（1）环境规制背景下适度规模养殖决策。我国生猪养殖户多而养殖规模相对小，养猪决策和生产方式大多延续于农村传统生产生活习惯，经济活动具有较为强烈的"道义经济"特征。养殖户关系依赖于非正式的熟人社区调节（专合社也是运行于"亲缘"和"地缘"网络当中），法律规制实施能力薄弱。我国生猪养殖产生的环境污染主要体现在负外部性上，是一种典型的公共厌恶品[①]，由此进行的环境规制是对负外部性所导致的市场失灵的回应，以修正市场机制不能自发地将负外部性内部化的缺陷，激励养殖户将生猪养殖污染负外部性内部化，减少负外部性给社会带来的损失。对于环境污染问题，政府通常采用的环境规制方法有三种，分别是制定标准、收费及权利交易[②]，而目前对于生猪养殖污染方面出台的政策措施是调整全国生猪生产布局，各地划定禁养、限养区，环保不达标的进行关闭或拆迁，生猪养殖须处理好污染治理等，在不考虑大规模生产要素交换的前提下，可以肯定在一定区域内环境承载力是一个常量。这样一来，就符合外部性理论基础部分所述的多处情形：①生猪养

---

① Baumol W J. The theory of environmental policy [M]. Cambridge University Press，1988：127-128.

② 王俊豪. 管制经济学原理 [M]. 第 2 版. 北京：高等教育出版社，2014：215.

殖户面临着一个典型的多边情形;②缺乏清晰的产权边界和强制实施能力;③环境规制下,政府控制使得污染量存在一个外部性总体量;④养殖户自由进入退出,外部性交易市场存在,"搭便车"问题必然存在。以上条件说明,研究政府环境规制背景下生猪养殖污染外部性问题需要基于经典文献当中的求解"配额政策'部分市场集权最优解'",是对政府行为下生产者行为决策的一个前提。但环境规制在解决市场失灵的过程中也有其一定的局限性,在解决市场失灵的问题时也只能是作为市场的一种补充,无法完全替代市场。在当前实施严格环境规制背景下,环境规制措施的实施会对生猪养殖户造成外在规制压力,该压力会对其养殖规模决策产生影响,导致其缩减养殖规模,选择适度规模养殖(前面已经通过理论分析得出,见图2-8)。已有研究表明环境规制会对小规模生猪养殖户的投资决策和选址决策造成影响,会延缓决策的确定(Klaus Deininger et al.,2013)。

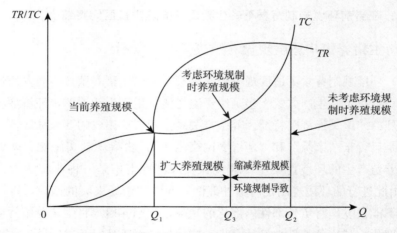

图2-8　环境规制视角下养殖户适度养殖规模

(2)适度规模养殖决策行为。由有限理性"经济人"理论可知,生猪养殖户作为有限理性"经济人",其在市场经济条件下从事生猪养殖的目的是寻求满意经济利润,其主观上具有追求经济利益最大化的理性决策行为,是在对预期收益和制约因素综合衡量基础上追求投入回报最大化的过程,也是在一定目标与动机激励下,对外在激励与内在约束条件做出的行为反应,但现实中由于生产经营分散、市场信息难以有效迅速传递、疫情风险难以预测等因素影响,其无法实现经济行为理性最大化,其决策行为还受其自身能力、资源禀赋以及复杂的心理决策机制影响,只能实现有限理性。其决策行为是独立的，心理特征、行为模式及决策结果间是互动和关联的，但追求经济利润是其进行养殖规模调整决策的起点，也决定其是否从事生猪养殖及养殖规模，但由规模经济理论可知，经济利润与生猪养殖规模不一定呈正相关，即生猪养殖规模超过适度规模边界后，经济利润将下降。当养殖利润下降时，养殖户通常会选择缩小养殖规模，将养殖规模调整到适度规模养殖区间，以获得满意经济利润。

在当前环境规制实施背景下，外在环境规制与生猪养殖户扩大生猪养殖规模存在矛盾，对生猪养殖规模具有约束作用，将影响养殖户预期养殖利润的实现。此时在外在环境规制约束与内在追求满意经济利润等因素刺激作用下，会激发养殖户产生调整生猪养殖规模的需求，需求催生出养殖户选择适度规模养殖的动机，动机导致养殖户适度规模养殖决策行为，决策行为产生养殖规模结果，养殖决策行为过程见图2-9。

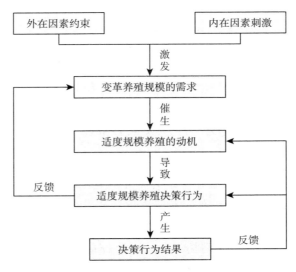

图2-9　养殖户适度规模养殖决策行为

（3）适度规模养殖决策过程。由行为决策理论可知，生猪养殖户适度规模养殖决策大致经过五个步骤：一是发现与分析问题，即养殖户发现当前国家为保护环境，实施环境规制，利用环境规制工具外在约束力来约束生猪养殖规模，因此需通过决策来调整养殖规模；二是需确定决策目标，即生猪养殖户需要确定养殖规模调整目标，调整决策是为了获得经济利润也是为了满足自身需要等；三是拟定各种备选方案，即是在当前平均养殖规模水平下继续扩大养殖规模还是在环境规制约束下缩减养殖规模，还是保持现有养殖规模不变；四是选择最优方案，即对各备选方案进行对比分析，确定符合自身需要的最优养殖规模方案；五是实施决策方案，验证选择的养殖规模方案是否实现决策目标，解决方案实施中出现的问题，进行问题反馈，调整养殖规模。适度规模养殖决策过程见图 2 - 10。

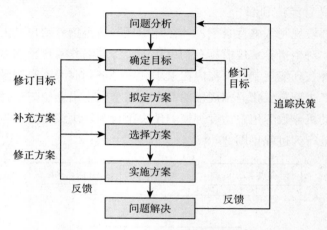

图 2 - 10　适度规模养殖决策过程

2.3.4　生猪养殖户适度规模养殖决策影响因素理论分析

影响生猪养殖户养殖方式和养殖决策的影响因素较多，本书将影响生猪养殖户适度规模养殖决策的因素归为两类，分别是非环境规制因素（经济效益、生猪政策、生猪价格、产业组织、风险态度、技术水平及其相关变量）和环境规制因素（污染治理压力等），主要基于三方面：一是王瑜（2008）、张晖（2010）、汤颖梅（2012）、王海涛（2012）等分别从非农就业、政府规制、产业链组织、面源污染等视角对生猪养殖户生产决策行为进行研究，其研究思路、内容、方法为本书研究提供了较好的借鉴，研究结论对本书研究有所启发，为进一步改进研究提供了基础；二是当前国家正在实施严格的环境规制政策，生猪规模养殖受到外在规制约束，生猪养殖决策须考虑环境规制因素；三是基于有限理性理论、行为决策理论、规模经济理论、规制经济学理论等对生猪养殖户适度规模养殖决策分析所得。以下分别对各影响因素在环境规制实施前后养殖户养殖决策中的作用及理论决策模型构建进行分析。

有限理性理论认为，生猪养殖户因受教育程度、风险态度、养殖经验等个体特征因素差异的影响，其认知、计算的能力会存在差异，其在生猪养殖决策环境中真正具备的知识、信息、经验和能力是有限的，导致其为有限理性"经济人"，这些能力直接影响到对利润最大化的确定，也决定着他们是否满意决策结果，通常是以满意利润为标准，而非绝对最优利润。虽然影响生猪养殖户养殖决策的因素较多，但追求经济利润仍是其主要动机，通常其根据当前的生猪销售（盈亏）情况，决定下一期生猪养殖规模，当生猪养殖盈利可观时，养殖户会立即加入或扩大生猪养殖规模，当生猪养殖出现亏损时，养殖户纷纷退出和缩减生猪养殖规模，这些都是有限理性的表现。严格环境规制实施之前，养殖户养殖决策中通常会基于自身风险喜好和厌恶态度与拥有的生产要素禀赋水平（技术水平），考虑生猪补贴政策、生猪价格波动、产业组织提供激励程度动态调整生猪养殖规模以获取满意经济利润，当生猪价格平稳、获得的国家生猪政策补贴及产业组织提供的激励较多时，风险偏好型养殖户会考虑自身生产要素禀赋水平，选择继续从事生猪养殖或扩大养殖规模的概率较高，而风险厌恶者、生产要素禀赋（技术水平）较差者，生猪养殖决策中选择继续保持原有规模或缩小规模的概率较高。而规制经济学理论认为，当前实施的严格环境规制为生猪养殖户治理养殖污染和环境成本发生提供了前提条件，生猪养殖户养殖决策中除考虑上述因素外，还须考虑环境规制约束压力，突出表现在两方面，一是按照相关环境法律、规定指标处理废弃物的难度，二是外部环境成本内部化带来养殖成本增加的压力。外部性理论认为在当前环境规制约束下，养殖户必须考虑外部环境成本，其生猪规模养殖在成本方面不再处于优势地位，养殖规模将发生改变，相应其养殖规模决策策略也会发生变化，为规避环境规制带来的成本压力，获得满意养殖经济利润，选择生猪适度规模养殖将成为现实。在当前严格环境规制约束下，环境将成为重要生产要素，养殖户在生猪养殖中需支付环境要素使用费用，生猪养殖决策中除基于自身风险喜好和厌恶态度与拥有的生产要素禀赋水平（技术水平），综合考虑生猪价格平稳性、生猪补贴政策与产业组织提供的激励因素外，还需要考虑环境规制带来的外在压力约束，新的理论决策模型如下所示：

　　Y（生猪适度规模养殖决策）＝f｛环境规制（污染治理压力）；非环境规制（经济效益、风险态度、要素禀赋、生猪价格、生猪政策、产业组织）；控制变量｝

　　鉴于本书研究主旨及借鉴已有研究结论，下面分别分析生猪养殖户适度规模养殖决策的可能影响因素研究假说：

2.3.4.1 非环境规制因素分析

（1）生猪政策。我国生猪产业发展不稳定，为扶持生猪产业，稳定生猪供应，国家于 2007 年起出台并实施了"一揽子"关于生猪扶持的补贴政策。这些政策通过发放补贴，产生了积极的效果，一是提高了生猪养殖户政策及相关法律法规认知（王建华等，2016），短期内在一定程度上降低了生猪养殖户养殖成本，增加了经济收入（廖翼和周发明，2012），缓解了资金短缺，调动了生猪养殖积极性，扩大了养殖规模（汤颖梅等，2010）；二是一定程度上减轻了养殖负担，稳定了价格，规避了养殖风险（刘清泉，2012），增加了基础性投入和经济支持，强化了生猪产业集群效应，实现产业升级，一定程度上使生猪养殖由"数量型"扩张路径向"成长型"扩张路径转变，改变了生猪养殖规模（周晶等，2015）。在实施中也存在着盲目补贴导致补贴错位、补贴资金偏低对养殖户收效甚微、难以支撑养殖户大规模养殖等问题，影响了养殖户的养殖行为，这些问题一定程度上导致了养殖户在生猪扶持政策实施背景下，偏离政策鼓励规模养殖目标导向，即实际养殖决策中不是选择规模养殖，而是选择适度规模养殖（吴林海等，2015）。

生猪养殖属资本密集型产业，种猪、母猪引进、猪圈、粪污处理设施建设等都需要投入大量资金，而国家实施的专项资金补贴政策，分别通过"以奖代补"和立项资助形式对规模养殖场进行补贴，短期内给予规模养殖场数额较大的投资补助，在一定程度上解决了资金短缺问题，而实施的生猪良种补贴降低了良种种猪精液的销售价格，降低了养殖户的生产成本。能繁母猪保险保费补贴确保了母猪死亡的养殖户能够获得赔偿，降低了母猪死亡的风险损失，而育肥猪保险补贴等普惠性政策则有利于养殖户获得长期投资或扩张所需的资金。

目前杨朝英（2013）、周晶等（2015）分别从政策供给变化、政策对照方面研究了政策补贴对农户生猪供给及我国生猪养殖规模化进程的影响，这些研究为本书研究提供了较好的借鉴，但本书与其不同的是选用养殖户所获政策补贴金额变量来代表生猪政策补贴，从微观层面研究生猪政策对养殖户适度规模养殖决策的影响。综上理论分析及借鉴已有研究结论，提出以下研究假说：

H$_2$：生猪政策（Pig Policy，简称 PP）补贴与适度规模养殖决策呈正向关系。

（2）生猪价格。蛛网理论认为生猪市场价格波动对生猪养殖户养殖规模调整的影响具有滞后性，即当期生猪市场价格只影响其下一饲养周期的养殖规模，养殖户当期养殖规模决策主要基于前一期生猪市场价格。而目前我国生猪规模化养殖程度还不高,养殖户饲养的生猪品种差别不大,生猪供给市场近似于完全竞争市场,在此市场下,养殖户被动地接受生猪市场价格,在其生产成本不变的前提下,为了获得养殖利润其往往只有根据生猪市场价格调整生猪养殖规模和品种,生猪市场价格对生猪供给影响很大。随着国家实施生猪规模化养殖和严格的环境规制,中小规模养殖户逐渐退出生猪养殖行业,养殖户数量将大量减少,此结果在一定程度上增加了生猪供给对生猪价格变化的敏感性,增大了生猪供给价格弹性。随着居民肉类消费结构的改变和收入的增加,降低了居民对猪肉价格变化的敏感性,猪肉需求价格弹性逐渐变小,生猪供给价格弹性绝对值将逐渐大于需求价格弹性,生猪供给与市场价格波动将呈动态发散型(图 2-11),出现多次猪周期,暴露出生猪养殖规模决策依赖于上一期生猪市场价格的弊端。

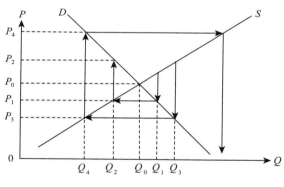

图 2-11　发散型蛛网模型

对生猪预期价格进行分析判断是养殖户养殖决策的重要依据之一,受信息完备性限制及决策主体偏好的影响,过去的价格可能是预期价格判断的重要决定因素,决策行为并非都是理性的。在生猪价格超常波动的情况下,养殖户的非理性决策倾向更加明显,这是主体决策过程中锚定效应的影响。由于价格的超常波动,过去价格的可靠性与可利用程度降低,养殖户难以准确地分析判断、预测预期生猪价格走势,未来收益也就难以准确衡量,导致养殖主体决策倾向的变化。受锚定心理效应的影响,在价格上涨期,养殖主体往往会低估各种风险可能造成的损失,高估确定性收益,对生猪养殖规模形成明显偏好,扩张的积极性增强。在生猪价格下降期,养殖主体会产生明显的风险规避心理,往往会高估可能的损失,倾向于接受确定性的盈利,因此,选择适度规模养殖的概率也较高。以上分析可知,生猪价格波动频繁,对我国生猪养殖户预期价格判断、养殖决策带来一定影响。

相关研究表明，玉米价格、仔猪存栏及毛猪价格等对生猪供给有滞后影响（谭莹，2011）、生猪价格、前期产量弱于前期成本变动对我国生猪供给量的影响（郭亚军等，2012），对于养殖 10 头以上的农户而言，其对生猪价格的感知比通过政策刺激农户增加生猪供给的作用更明显（杨朝英，2013），养殖者基于近期生猪价格预测未来价格，其预期价格具有有限理性特征，对仔猪价格波动影响较大（郭利京等，2015）。

以上研究为本书研究提供了较好的借鉴，但已有研究集中在探讨生猪价格、生产要素价格、仔猪价格之间的关系及对生猪供给量的影响，鲜有从微观层面探讨预期价格对养殖户适度规模养殖决策的影响。在已有研究基础上，本书选取当期生猪价格、预期价格变量来代表生猪价格（Pig Price，简称 PP）。当期生猪价格决定了生猪养殖户的养殖积极性，主导了其增减养猪数量的意愿，而生猪预期价格，即预测未来生猪价格是上涨、不变还是下降，以此来做生猪养殖规模决策，若养殖户预测未来生猪市场销售价格上涨，其将扩大养殖规模，若预测未来生猪市场销售价格下降，其将缩小养殖规模，若预测未来生猪市场销售价格不变，其可能保持现有生猪养殖规模。综上理论分析和已有研究结论，提出以下研究假说：

H_3：生猪当期价格、预期价格与适度规模养殖决策呈正向关系。

（3）产业组织。团队生产理论认为生猪养殖户加入产业组织变单一生产经营为团队生产经营，不仅能及时获得市场、技术、疫病防治等信息，改变小农市场交易劣势地位，提高应对各种风险能力，也能带动养殖户扩大养殖规模。假定养殖户加入合作组织或参与订单生产和销售对其生猪养殖有稳定的激励作用，且养殖户有适度规模养殖意向，将此假设放宽，探讨不同意向养殖户的决策行为变动情况。图 2-12 中纵坐标表示为组织激励，横坐标表示养殖户适度规模养殖决策行为，假设 S_1 为斜率不变情况下养殖户养殖决策行为曲线，由 S_1 曲线的变动可以看出当加入的组织给予养殖户的激励小，如 OQ 小于 OP，养猪户养殖决策行为越趋向于适度规模养殖，如图中曲线 S_1 向右平移到曲线 S_2，显然 OD 大于 OC；当加入的组织给予养殖户的激励越大，如 OP 大于 OQ，养猪户养殖决策行为越趋向于扩大规模养殖，显然 OE 小于 OC。若考虑养殖户自身适度规模养殖意向的影响，意向较强的养殖户在外部产业组织激励的影响下，养殖决策行为曲线的斜率会减小，即由 S_1 变为 S_2，对于此类型的养殖户，其在养殖决策中可能需要相对更少的产业组织激励，如 OQ 小于 OP；

适度规模养殖意向较弱的养殖户，在外部产业组织激励的影响下，养殖决策行为曲线的斜率会增大，即由 S_1 变为 S_3，对于此类型的养殖户，其养殖决策中可能需要相对更多的产业组织激励。

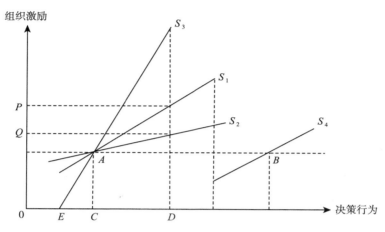

图 2-12　产业组织与适度规模养殖决策关系

相关研究表明可通过法律规范和完善契约来提高订单的履约率以降低订单风险，同时避免农业生产的市场风险（Henessy & Lawrence，1999），也可通过合作组织宏观和微观层面作用来规避各种风险（Yang D & Liu Z、Getnet & Anullo、黄祖辉和高钰玲，2012），其中养殖户加入养猪合作社能显著影响其养殖决策行为（孙世民等，2012），参与合作社对于规模养猪户的碳排放量不存在显著影响，而"龙头企业＋养猪户"合作模式却显著降低了中大规模养猪户的碳排放量（闵继胜和周力，2014），组织化程度是影响生猪养猪户环境行为的关键因素（张郁等，2015），合作经济组织主要通过向生猪养殖户提供各种服务功能来影响其决策行为，如技术培训、饲料、销售、兽药及防疫等服务（赵伟峰等，2016）。综合来看，产业合作组织主要通过其提供的激励与养猪户自身养殖意向共同影响养殖决策行为。

以上研究为本书研究提供了较好的借鉴，本书选取是否加入合作组织、是否参加订单生产或销售两个变量来代表产业组织。养殖户加入合作组织可以获得较多的养殖市场信息和新养殖技术，这些相对在一定程度上会影响到其生猪规模养殖决策，而参加订单生产或销售有利于生猪顺利销售，带动其扩大养殖规模，对其规模养殖决策有较大影响。综上产业组织理论分析和已有研究结论，提出以下研究假说：

H₄：产业组织（Industrial Organization，简称 IO）与养殖户适度规模养殖决策呈正向关系。

（4）风险态度。风险态度分为风险规避型、风险偏好型和风险中立型（图 2-13）。阿罗·普拉特提出的风险规避理论认为风险规避者往往在进行决策时选择放弃更多的利润，这种选择便是为规避风险而付出的风险金。由于我国生猪养殖风险规避机制还不完善，养殖户在生猪饲养过程不可避免地会面临生猪市场、疫病、技术等方面的风险，在日益严峻的各种风险面前，养殖户的风险态度存在差异，与一般的生产主体相比，养殖户的风险规避倾向会更强。养殖户作为风险规避者，厌恶养殖过程中出现的各种风险，为了规避各种风险其养殖决策会偏离利润最大化，可能采用保守的养殖决策，选择适度规模养殖，而风险偏好者为追求预期利润，实际养殖决策中可能未选择适度规模养殖，选择扩大养殖规模。上述分析可知风险态度差异可能导致养殖户养殖规模决策行为存在差异，风险规避者往往选择适度规模养殖，而风险偏好者往往选择扩大养殖规模。

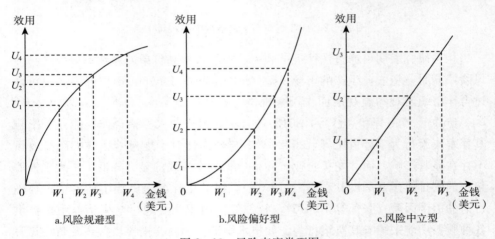

图 2-13　风险态度类型图

相关研究表明，由于农户自身素质、经济体制、避险机制等原因，导致农户风险意识较强（Pandey et al.，1999；Rahman，2009；Finger，2012），厌恶风险特质促使农户多为风险规避者，在农业生产决策中常持审慎态度。农户风险态度存在差异（MacCrimmon & Wehrung，1990；Farmer，1993），禀赋差异、所处环境是其差异产生的主因，风险偏好、风险倾向、不确定情况及其交互作用会影响个人决策（Ghosh & Ray，1992；Sitkin & Weingart，1995；汤颖梅等，2013；李景刚等，2014），而 Flynn et al.（1994）研究表明男女风险感知存在差异，风险感知程度直接影响养猪户养猪决策行为（唐素云等，2014；闫振宇和陶建平，2015），Ogurtsov et al.（2008）研究表明农户风险感知、风险处理能力偏差是导致风险态度出现分化的主因。而农户风险偏好程度会影响其农业生产和投入行为（Paudel，2000），Wilson et al.（1988）研究发现在亚利桑那州的奶牛养殖户看来，投入成本是最大的风险，D. Arcy & Storey（2000）研究发现散养农户对生猪市场价格的敏感度决定了其进入或退出市场，仇焕广等（2014）研究表明农户风险态度差异是导致其过量施肥行为的重要因素。以上研究表明农户或养殖户的风险态度、风险感知、风险处理能力等存在差异，且该差异对其生产行为或决策行为显著影响。

　　风险规避理论分析和已有研究结论为本书提供了较好的借鉴和基础依据，选取风险倾向类型变量来代表风险态度（Risk Attitude，简称 RA），除此之外，还选择了风险认知、风险造成损失额、具体养殖相关风险变量，研究其对生猪养殖户适度规模养殖决策的影响。通常熟知生猪饲养风险、厌恶风险、遭受风险损失大的养殖户往往愿意适度规模养殖，风险偏好者则相反，当生猪价格、仔猪价格、饲料、玉米等价格波动风险、疫病频发风险、饲养技术风险、管理不善风险、自然灾害风险、政策变化风险、环境污染风险等较大时，养殖户往往缩小养殖规模，降低风险造成的损失。综上分析，提出如下研究假说：

　　H_5：大多数生猪养殖户是风险规避者，其风险态度存在差异，该差异对其适度规模养殖决策的影响也不同，风险规避者愿意适度规模养殖，养殖规模小，而风险偏好者则相反。除风险态度外，风险认知、风险造成损失额、市场风险、生猪疫病风险、饲养技术风险、管理不善风险、自然灾害风险、政策变化风险、环境污染风险对适度规模养殖决策存在正向或负向影响。

　　（5）技术水平。生猪从仔猪到出栏具有较长的饲养周期，在生猪饲养过程中，需要投入较多的资金、劳动力、土地等生产要素。通常养殖户所拥有的生产要素禀赋不同，其养殖规模也存在差异，其中生产要素禀赋高的养殖户由于有生产要素支撑，其在养殖决策中选择扩大养殖规模的概率较高，而生产要素禀赋差的养殖户往往缺少要素支撑，在养殖决策中选择缩小规模或适度规模养殖的概率较高。除资金、劳动力、土地等要素外，养殖技术对支撑生猪养殖也很重要。技术差距理论认为，生猪养殖户间存在狭义技术差距，从纯技术角度，生猪养殖户所掌握的饲养技术或技能水平及拥有的养殖设施之间存在差异，且该差异对其适度规模养殖决策行为存在影响，通常相对养殖技术水平先进、养殖设施完善的养殖户在养殖决策中选择扩大养殖规模的概率较高。不同规模养殖户的生产行为存在明显差异，其掌握的生猪饲料配制、科学饲养、日常管理、快速育肥、疫病防治、适时出栏等关键饲养技术水平存在差异，该差异可能对其养殖决策的影响也不同。

已有研究表明，与生猪技术相关的如生猪品种、生猪技术进步也显著地影响了决策者的行为，如优良品种生猪由于生长速度快、出栏时间短、饲养成本低、销售价格高，是猪场盈利的关键因素之一，饲养优良品种生猪的，养殖规模相对较大（马晓河和马建蕾，2008），而生猪技术进步宏观上决定着我国生猪的生产效率（陈诗波等，2008），微观上也显著地影响了农户的生产决策行为（申云和刘志坚，2012；侯博和应瑞瑶，2015）。但遗憾的是已有研究没有从养殖技术水平差距、具体技术水平微观层面研究其对养殖主体养殖决策行为的影响。

以上研究为本书提供了较好的借鉴和基础依据，在借鉴已有研究基础上，选取掌握的饲养技术或技能项数代表技术水平，掌握的技术或技能项数差异来衡量技术水平差距，除此之外，还选择了品种优良情况、自配饲料情况、生猪死亡率、具体养殖技术水平变量，研究以上变量对生猪养殖户适度规模养殖决策的影响。综上分析，提出如下研究假说：

H_6：生猪养殖户饲养技术水平（Technological Level，简称 TL）存在差距，且其对生猪适度规模养殖决策存在正向影响。除技术水平差距外，是否优良品种、是否自配饲料、生猪死亡率及具体饲养技术水平（疫病防控技术、疾病防治技术、饲料选用与配比技术、快速育肥技术、饲养管理技术）对养殖户适度规模养殖决策也存在正向或负向影响。

2.3.4.2 环境规制因素分析

生猪养殖产生的污染是典型的外部不经济。在环境规制实施之前，缺乏有效的环境规制约束，机会主义行为在养殖主体养殖决策中占据优势。由于污染防治设备的投资及运行成本较高，养殖主体在生猪养殖中往往投入较少或不投入防治设备，运行中通过置之不理或少处理污染物来降低防治成本或转移到环境规制约束相对较弱的地区进行生猪养殖，对产生污染也未为此付出任何补偿费，对环境造成严重的污染和破坏。外部性理论认为，私人防治污染所获得的边际收益远低于边际社会收益，私人在防治污染时往往处于被动，必须由政府参与，一方面出台比如直接给予补偿的激励政策，增强污染制造者控制污染的积极性，另一方面出台相关严格的环境规制以控制造成环境污染的行为，防止由此带来的负面影响扩大，寻求宏观最佳污染水平。最佳的污染水平并不在于由制造污染者还是受污染之害的群体来承担费用，最佳的污染水平，也就是污染控制量，是控制污染的边际成本与边际损失相等的那一点。在该点，表示减少 1 单位污染所需的成本增加量等于减少污染所产生的损失减少量。边际成本（MC）曲线由右向左表示减少 1 单位污染的边际成本，边际损失（MD）曲线由左向右表示每单位污染产生的额外损失或由右向左表示减少 1 单位污染的减少损失量。由此可知损失随污染量的减少而减少，控制污染的成本随控制程度的增加而增加，完全消除污染是无效率的，需把污染控制在 $MC=MD$ 时的 a 点。若污染控制市场存在，控制污染的均衡价格和均衡产量也存在，即图 2-14 中的 a 点所示。若市场不存在，政府只能依靠环境规制来强制污染制造者达到污染的最佳水平，如采用征收污染税等方法。

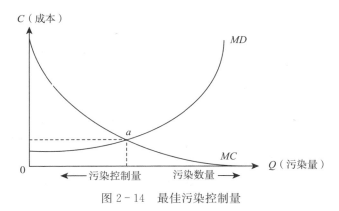

图 2-14　最佳污染控制量

　　我国政府主管部门已认识到生猪养殖污染的严重性，一方面颁布实施了新《环境保护法》、《畜禽规模养殖污染防治条例》等各类有关污染控制的法律法规，给生猪养殖户带来前所未有的污染物处理压力。随着命令-控制环境规制的实施，生猪养殖户以往未考虑的外部环保成本将内部化，环保将作为一种生产投入要素，养殖户在生猪养殖中需要为环境要素的使用支付费用，环境污染治理成本逐渐成为生猪养殖成本的重要组成部分，污染治理成本增高，导致养殖成本升高，其生猪规模养殖将不再具有优势。加之外在生猪适宜养殖空间在减少，禁养区在增加，生猪养殖受到的环境约束越来越明显。另一方面主管部门采用经济-激励污染管理政策模式，出台病死畜禽无害化处理补贴、粪污沼气补贴、制有机肥等激励补贴引导养殖主体选择良好的环境污染处理方式，降低污染排放量。而生猪养殖户作为污染产生和治理主体，在当前环境规制、生猪市场波动风险较大且养殖收益不稳的现实约束情况下，需强制性地治理好生猪养殖过程中产生的废弃物污染，而治理污染需要投入较多的设备和运行成本，无疑会对养殖户污染治理产生一定的资金压力，较高的环保标准要求在一定程度上增加了污染治理难度，资金压力和治理压力会导致生猪养殖决策发生变化，偏离利润最大化目标，理性养殖户为减缓污染治理压力，获取满意经济效益，在生猪养殖决策中通常会缩减养殖规模，选择适度规模养殖。

已有研究表明环保规制的实施推动了我国生猪规模养殖，增强了养殖户环保认知、环保治理投入意愿等，但鲜见从微观层面探讨养殖户污染治理压力对其适度规模养殖决策的影响，原因是环境规制包括的内容较多，且难以量化，目前已有研究主要从是否具有环境政策（Busse M.，2004）、污染治理投入（Lanoie P. et al.，2008）、综合评价指标（傅京燕和李丽莎，2010；谭莹等，2018）、污染物排放强度（Javorcik B. S. & Wei S. J.，2001；张中元和赵国庆，2012）、人均 GDP（周建军等，2018）、环保政策的数量（虞祎等，2011；刘聪和陆文聪，2017）、农户环境保护的感受等替代指标方面对环境规制进行量化（Antweiler W. et al.，2001；李永友和沈坤荣，2008；侯国庆和马骥针，2017）。

已有研究为本书提供了较好的借鉴和基础依据，本书选取污染治理压力作为环境规制因素。污染治理压力指在当前国家实施严格的环境规制背景下，生猪养殖户基于自身条件和处理设施，对其生猪养殖过程中产生的粪便、尿液、废水及病死猪等进行无害化处理的难度，其污染物处理难度大表示治理压力大，其难度存在差异，该差异可能对其适度规模养殖决策也存在差异影响。除此之外，并借鉴了宾幕容等（2016）、姚文捷（2017）等人的研究，还选择了养殖污染认知、环保部门检查、是否受过处罚、是否影响邻里、是否有环保制度、是否监督排放、环保法规认知、是否干湿分离、是否还田、是否制沼气、是否做有机肥、是否出售、是否废弃、是否获得治理补贴、污染治理是否划算变量，探讨该变量对养殖户适度规模养殖决策的影响。综上理论分析和已有研究结论，提出如下研究假说：

H₇：生猪养殖户污染物治理压力（Pollution Control Pressure，简称 PCP）存在差异，且其对生猪适度规模养殖决策正向显著影响。除污染治理压力外，养殖污染认知、环保部门检查、是否受过处罚、是否影响邻里、是否有环保制度、是否监督排放、环保法规认知、是否干湿分离、是否还田、是否制沼气、是否做有机肥、是否出售、是否废弃、是否获得治理补贴、污染治理是否划算变量对生猪适度规模养殖决策有正向或负向显著影响。

2.3.4.3 环境规制因素与非环境规制因素综合分析

由行为决策理论、有限理性理论、规模经济理论、规制经济学理论可知，生猪养殖户是在有限的条件下，独立进行生猪适度规模养殖决策的，由于受其自身能力的限制、信息不完全以及周围环境等因素的限制，其决策是有限理性的。其决策可能受环境规制因素、非环境规制因素（经济效益、生猪政策、生猪价格、产业组织、风险态度、技术水平）中的某一因素影响或多个因素，也可能不受非环境规制影响而受环境规制因素或受自身特征因素影响，影响其决策的因素是复杂的。其中经济效益对其适度规模养殖决策有正向激励作用，生猪政策、生猪价格、产业组织、风险态度、技术水平可能有正向或负向作用，治理压力对其决策有正向作用，自身特征因素可能对其决策有调节作用。借鉴黄季焜和 Rozelle Scott（1993）、Kourouxou（2005）、Bernath K（2008）、吴学兵和乔娟（2014）、吴林海和谢旭燕（2015）、钟颖琦和黄祖辉（2016）等人的研究结论，基于研究需要和现实情况，选择个体因素（性别、年龄、文化程度）、养殖年限、生产要素（投入劳动力数、借贷款难易程度）、专业化程度（养猪收入占比）、生猪销售难易程度、距市场距离、交通条件变量作为控制变量，与非环境规制因素、环境规制因素一起参与影响生猪养殖户适度规模养殖决策。基于以上分析提出以下研究假说：

H_8：生猪养殖户适度规模养殖决策是综合考虑环境规制因素、非环境规制因素及其交互项多个因素而做出的决定。

2.4 本章小结

本章首先对相关概念进行界定，提出研究前提假设，简述了有限理性理论、行为决策理论、规模经济理论、环境经济学理论、规制经济学理论相关内容，为本书研究提供了理论支撑；其次基于理论基础，对研究框框中的各部分进行理论分析，提出了"在当前环境规制背景下，生猪适度养殖规模区间将缩小""生猪养殖户适度规模养殖决策是综合考虑环境规制因素（污染物治理压力及其相关变量）、非环境规制因素（经济效益、生猪政策、生猪价格、产业组织、风险态度与饲养技术水平及其相关变量）及其交互项多个因素而做出的决定"等研究假说及相关研究变量，为后续章节展开研究做了铺垫。

第3章 四川与样本区生猪养殖规模现状分析

本章主要通过收集历年四川生猪年鉴统计数据和样本区养殖户问卷调查数据，对四川生猪养殖户养殖规模现状进行分析，为下一章"生猪养殖户适度养殖规模测度分析"做铺垫。首先，选用描述性统计分析方法从宏观层面对四川生猪现状进行统计分析；其次，对样本区生猪养殖户养殖现状进行统计分析，为后续章节研究提供现实基础。

3.1 四川生猪养殖现状分析

（1）生猪存出栏量及猪肉产量均居全国前列。四川是我国传统生猪养殖大省，历年生猪存栏量、出栏量及猪肉产量在全国总量中所占比重较大，均超过10％（图3-1、图3-2、图3-3、图3-4），其中2016年全省肉猪存出栏量

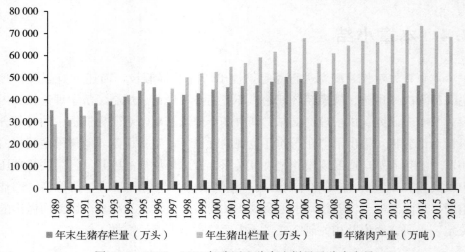

图3-1 1989—2016年我国生猪存出栏量及猪肉产量

资料来源：历年《中国统计年鉴》及《中华人民共和国2016年国民经济和社会发展统计公报》。

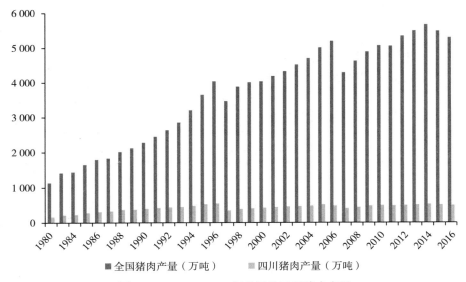

图 3 - 2　1980—2016 年我国及四川猪肉产量

资料来源：历年《中国统计年鉴》、《四川统计年鉴》及《中华人民共和国 2016 年国民经济和社会发展统计公报》。

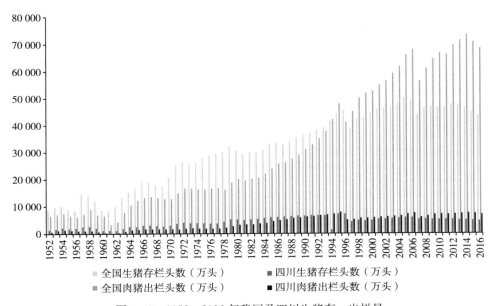

图 3 - 3　1952—2016 年我国及四川生猪存、出栏量

资料来源：《中国农村统计年鉴》、《中国统计年鉴》、《四川统计年鉴》（1981—2017 年）。

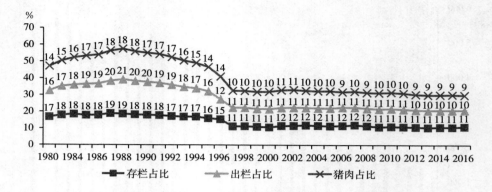

图 3-4　1980—2016 年四川生猪存出栏量及猪肉产量占全国比重

资料来源：根据《中国农村统计年鉴》、《中国统计年鉴》、《四川统计年鉴》（1981—2017 年）中数据整理所得。

分别达 4 675.9 万头、6 925.4 万头，猪肉产量达 494.47 万吨，全省有生猪基地县 88 个，其中安岳县、乐至县、射洪县等 86 个县为国家级生猪调出大县，占全国的 16％，12 个县入选全国百强养猪县域。

（2）生猪规模养殖水平高。四川生猪养殖模式大致分为三个阶段，其中改革开放至 2008 年间，生猪主要养殖模式为家庭散养，2009—2014 年家庭散养逐步发展为适度规模养殖，规模养殖活跃，2015 年以后适度规模养殖与规模养殖并存，但以规模养殖为主，其中 2015 年全省年出栏 500 头以上的生猪规模养殖比重达到 30.9％[①]，低于全国生猪规模养殖比重平均水平（44％，见图 3-5）近 13 个百分点，新增养猪专业合作社 239 个，80％的规模养殖户加入了合作社。

（3）散养户逐步退出、中小规模养殖户壮大。由表 3-1、表 3-2、表 3-3、表 3-4 可知，从 2003 年始，四川生猪散养户数量逐年减少，规模养殖户数量逐年增加，其中年出栏数 50～99 头、100～499 头、500～2 999 头的规模养殖户数量增长最快，年均增长率分分别为 26.31％、30.52％、41.04％，表明四川生猪养殖主体中以中小规模养殖户为主，此结果也与我国近年来出台的一系列生猪扶持政策措施相吻合，即引导散养户逐步退出，中小规模养殖户向大规模养殖户发展。

---

① http://www.cnjidan.com/news/937464.

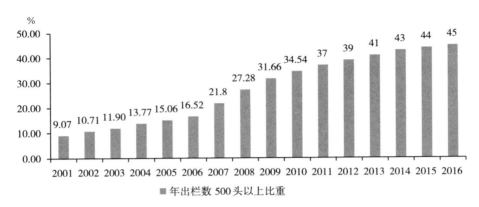

图 3-5　2001 年以来我国生猪规模化进程

资料来源：博亚和讯网及《中国畜牧业年鉴》（2002—2007 年）、牧原股份 2017 年中报中数据整理所得。

表 3-1　2002—2015 年我国生猪饲养形态变化

年份	散养（户）	散养户占比（%）	规模养殖（户）	规模户占比（%）
2002	104 332 671	99.02	1 034 843	0.98
2003	106 779 375	98.94	1 138 618	1.06
2007	80 104 750	97.27	2 244 300	2.73
2008	69 960 452	96.65	2 421 378	3.35
2009	64 599 143	96.22	2 538 040	3.78
2010	59 086 923	95.71	2 648 417	4.29
2011	55 129 498	95.26	2 744 844	4.74
2012	51 898 933	94.88	2 799 499	5.12
2013	49 402 542	94.79	2 713 421	5.21
2014	46 889 657	94.65	2 648 978	5.35
2015	44 055 927	94.62	2 503 038	5.38

注：生猪散养的饲养头数为 1～49，规模养殖为 50 头以上，来自《中国畜牧业年鉴》、《中国农村统计年鉴》（2003—2016 年），并整理。

表 3-2　2002—2010 年我国生猪各饲养形态年出栏生猪头数变化表

年份	散养户		规模化养殖场（户）	
	生猪出栏数（万头）	占总出栏数比重（%）	生猪出栏数（万头）	占总出栏数比重（%）
2002	44 393.24	72.79	16 598.15	27.21
2003	46 867.58	71.25	18 907.41	28.75

（续）

年份	散养户		规模化养殖场（户）	
	生猪出栏数（万头）	占总出栏数比重（%）	生猪出栏数（万头）	占总出栏数比重（%）
2007	41 418.37	51.54	38 938.99	48.46
2008	37 764.7	44.05	47 973.64	55.95
2009	34 061.01	38.67	54 030.97	61.33
2010	33 149.5	35.49	60 250.4	64.51

注：生猪散养的饲养头数为 1～49，规模养殖为 50 头以上，来自《中国畜牧业年鉴》《中国农村统计年鉴》（2003—2011 年），并整理。

表 3-3　1999—2015 年四川省生猪不同规模养殖场（户）变化

单位：个

年份	年出栏数 1～49 头	年出栏数 50～99 头	年出栏数 100～499 头	年出栏数 500～2 999 头	年出栏 3 000～9 999 头	年出栏 10 000～49 999 头	年出栏数 50 000 头 以上
1999	未统计	9 469	1 765	139	10	0	0
2000	未统计	11 410	1 769	168	16	0	0
2001	未统计	17 895	4 070	314	16	1	0
2002	13 973 521	30 402	6 630	590	27	0	0
2003	15 543 483	52 111	11 915	979	49	5	0
2004	未统计	69 709	16 747	1 764	87	17	2
2005	未统计	112 370	21 178	1 837	174	29	2
2006	未统计	121 606	24 371	2 911	203	23	0
2007	13 783 319	158 808	31 223	5 473	271	50	1
2008	12 992 510	167 093	45 538	8 409	426	115	1
2009	11 954 275	190 370	58 362	10 980	795	189	3
2010	10 830 124	234 553	64 719	14 542	1 032	256	5
2011	10 036 180	260 414	64 223	14 547	1 106	252	6
2012	9 433 336	287 920	64 481	16 464	1 267	290	6
2013	7 645 726	221 391	55 825	14 379	1 090	256	4
2014	7 373 861	224 432	57 832	15 234	1 086	259	4
2015	6 767 155	219 538	56 901	15 876	1 092	248	4

资料来源：根据《中国畜牧业年鉴》、《中国农村统计年鉴》（2000—2016 年）中数据整理所得。

表 3 - 4　2002—2015 年四川省生猪不同规模养殖场（户）占比

单位：%

年份	年出栏数 1~49 头	年出栏数 50~99 头	年出栏数 100~ 499 头	年出栏数 500~ 2 999 头	年出栏 3 000~ 9 999 头	年出栏 10 000~ 49 999 头	年出栏数 50 000 头 以上
2002	99.73	0.22	0.05	0.00	0.00	0.00	0.00
2003	99.58	0.33	0.08	0.01	0.00	0.00	0.00
2007	98.60	1.14	0.22	0.04	0.00	0.00	0.00
2008	98.32	1.26	0.34	0.06	0.00	0.00	0.00
2009	97.87	1.56	0.48	0.09	0.01	0.00	0.00
2010	97.17	2.10	0.58	0.13	0.01	0.00	0.00
2011	96.72	2.51	0.62	0.14	0.01	0.00	0.00
2012	96.22	2.94	0.66	0.17	0.01	0.00	0.00
2013	96.31	2.79	0.70	0.18	0.01	0.00	0.00
2014	96.11	2.93	0.75	0.20	0.01	0.00	0.00
2015	95.84	3.11	0.81	0.22	0.02	0.00	0.00

资料来源：根据《中国畜牧业年鉴》、《中国农村统计年鉴》（2003—2016 年）中数据整理所得。

3.2　四川生猪养殖成本收益分析

（1）产值分析。由图 3 - 6 至图 3 - 9 可知，2001—2016 年四川生猪散养、小规模、中规模、大规模四种饲养方式下，每头生猪产值与全国均值相比，大规模养殖方式的平均每头生猪产值比全国均值高出 27.20 元，可见大规模养殖方式优势较突出，而散养、小规模、中规模每头生猪产值均值分别比全国均值低 75.51 元、37.47 元、42.13 元。

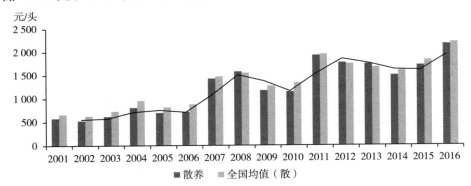

图 3 - 6　2001—2016 年全国及四川生猪散养方式每头生猪产值

资料来源：《全国农产品成本收益资料汇编》（2002—2017 年）。

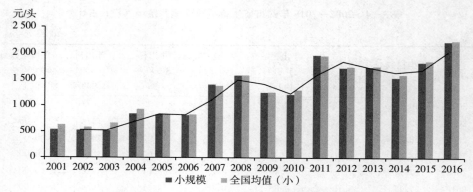

图 3-7　2001—2016 年全国及四川生猪小规模养殖方式每头生猪产值

资料来源：《全国农产品成本收益资料汇编》（2002—2017 年）。

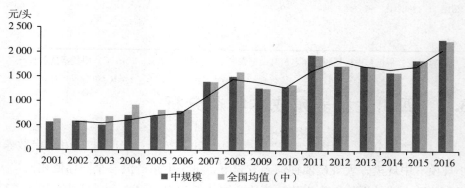

图 3-8　2001—2016 年全国及四川生猪中规模养殖方式每头生猪产值

资料来源：《全国农产品成本收益资料汇编》（2002—2017 年）。

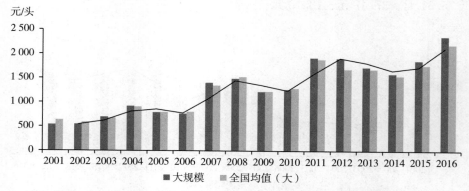

图 3-9　2001—2016 年全国及四川生猪大规模养殖方式每头生猪产值

资料来源：《全国农产品成本收益资料汇编》（2002—2017 年）。

（2）总成本分析。由图3-10至图3-13可知，2001—2016年四川生猪四种饲养方式下每头生猪总成本均值低于全国均值，而其中大规模养殖的平均总成本比全国平均总成本低51.30元，其次是散养方式，其养殖总成本比全国均值低50.70元，而中小规模饲养方式总成本分别比全国均值低41.22元、28.32元，此结果表明四川生猪大规模饲养方式在成本上相对具有优势，而中小规模饲养方式处于劣势，原因是大规模饲养方式相对其他三种方式更易产生规模经济，降低总成本。

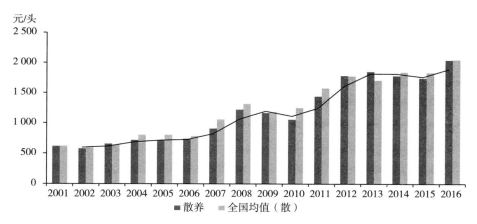

图3-10 2001—2016年全国及四川生猪散养方式每头生猪总成本

资料来源：《全国农产品成本收益资料汇编》（2002—2017年）。

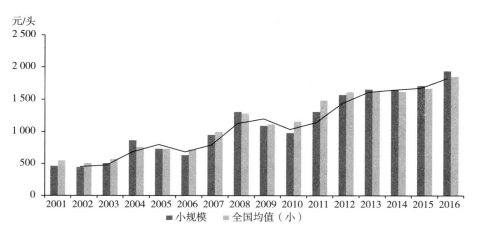

图3-11 2001—2016年全国及四川生猪小规模养殖方式每头生猪总成本

资料来源：《全国农产品成本收益资料汇编》（2002—2017年）。

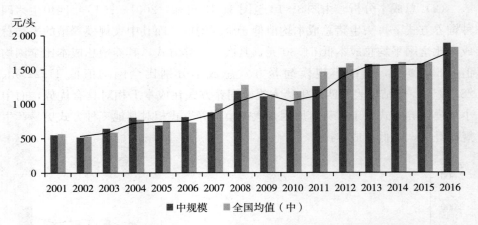

图 3-12　2001—2016 年全国及四川生猪中规模养殖方式每头生猪总成本

资料来源：《全国农产品成本收益资料汇编》（2002—2017 年）。

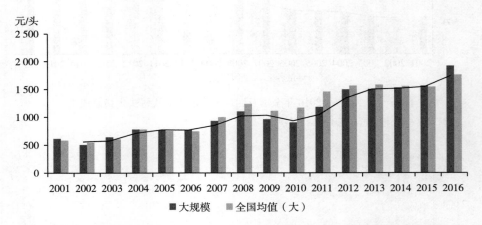

图 3-13　2001—2016 年全国及四川生猪大规模养殖方式每头生猪总成本

资料来源：《全国农产品成本收益资料汇编》（2002—2017 年）。

（3）净利润分析。由图 3-14 至图 3-17 可知，2001—2016 年四川生猪大规模饲养方式下生猪净利润均值高于全国水平，其中大规模养殖方式平均净利润比全国均值高出 72.43 元，其次是中规模，其平均净利润比全国水平低出 0.91 元，散养、小规模饲养方式净利润均值与全国均值水平相比，分别低出 24.20 元、8.97 元，此结果表明在净利润方面，四川生猪大规模饲养方式相对散养、中小规模饲养方式具有优势。

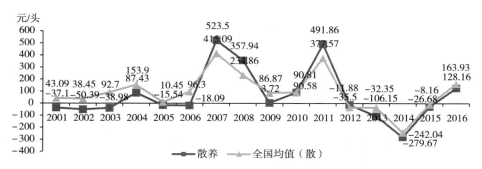

图 3-14 2001—2016 年全国及四川生猪散养方式净利润

资料来源：根据《全国农产品成本收益资料汇编》（2002—2017 年）中数据整理所得。

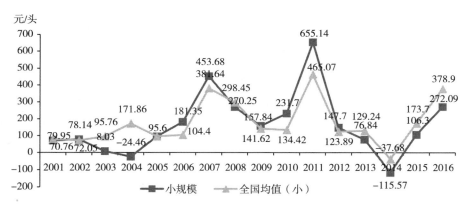

图 3-15 2001—2016 年全国及四川生猪小规模养殖方式净利润

资料来源：根据《全国农产品成本收益资料汇编》（2002—2017 年）中数据整理所得。

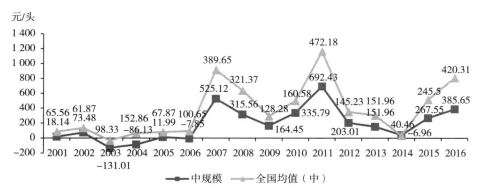

图 3-16 2001—2016 年全国及四川生猪中规模养殖方式净利润

资料来源：根据《全国农产品成本收益资料汇编》（2002—2017 年）中数据整理所得。

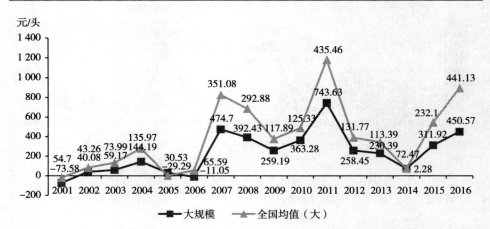

图 3-17　2001—2016 年全国及四川生猪大规模养殖方式净利润

资料来源：根据《全国农产品成本收益资料汇编》（2002—2017 年）中数据整理所得。

（4）成本利润率分析。由图 3-18 至图 3-21 可知，2001—2016 年四川生猪小规模、大规模饲养方式下生猪成本利润率均值比全国平均成本利润率值高，其中大规模养殖方式平均成本利润率比全国均值水平高 6.56 个百分点，其次小规模饲养方式的平均成本利润率比全国均值高出 0.01 个百分点，散养、中规模饲养方式成本利润率均值与全国均值比，分别低出 2.95、1.20 个百分点，此结果表明，四川生猪小规模、大规模饲养方式相对散养、中规模饲养方式，在成本利润率方面具有优势。

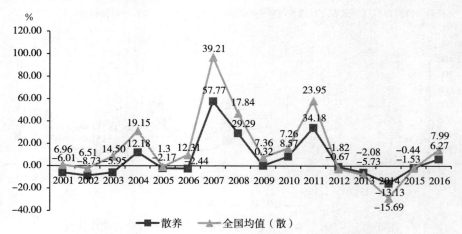

图 3-18　2001—2016 年全国及四川生猪散养方式成本利润率

资料来源：根据《全国农产品成本收益资料汇编》（2002—2017 年）中数据整理所得。

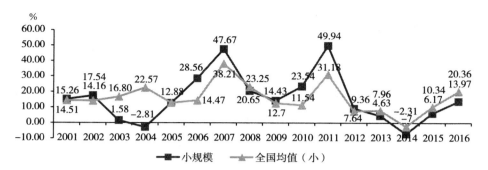

图 3 - 19　2001—2016 年全国及四川生猪小规模养殖方式成本利润率

资料来源：根据《全国农产品成本收益资料汇编》（2002—2017 年）中数据整理所得。

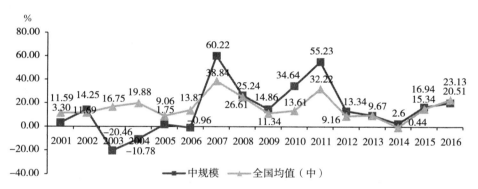

图 3 - 20　2001—2016 年全国及四川生猪中规模养殖方式成本利润率

资料来源：根据《全国农产品成本收益资料汇编》（2002—2017 年）中数据整理所得。

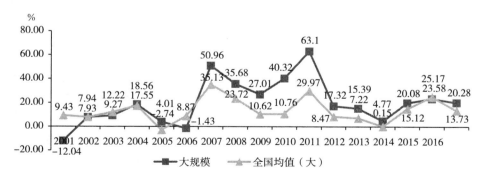

图 3 - 21　2001—2016 年全国及四川生猪大规模养殖方式成本利润率

资料来源：根据《全国农产品成本收益资料汇编》（2002—2017 年）中数据整理所得。

3.3 四川生猪养殖模式探析

对四川生猪养殖户采用的典型养殖模式进行了归纳总结，如下所示：

（1）"公司＋养殖户"模式。凭借当地具有资金、技术明显优势的龙头企业，通过政府的协调和引导，借助市场力量加快种养规模化和农业产业化的发展步伐。这种模式的特点是龙头企业在与农户签订合理的收益分配协议时，结合自身完善的合作模式，合作过程中生产经营的主要环节由龙头企业掌握，并提供相关的生产信息及资料，同农户形成利益共同体。典型的如广东温氏食品集团股份有限公司与合江县签订的 60 万头生猪产业一体化项目时，采用"公司＋农户"模式，圈舍标准、仔猪、饲料、兽药、饲养技术、疫病防控等由公司提供，养殖户按标准设计修建猪舍，按公司的技术标准和管理规程进行生猪养殖，生猪出栏时由公司回购销售，当达到公司要求时，保证养殖农户生猪出栏平均利润 170 元/头。合江县在生猪规模养殖用地审批、资金信贷、养殖保险、养殖奖励、技术培训等方面给予政策支持，鼓励外出人员返乡发展生猪养殖。同时，四川高金天兆牧业有限公司也采用"企业＋农户"模式，其与温氏不同的是与养殖户利益联结机制采用"寄养"关系，即公司与养殖户签订合同，由养殖户喂养生猪，公司在生产前期和中期负责提供饲料、药品、疫苗、养殖技术、管理服务，后期统一回购，支付寄养费，该模式加强了两者间的利益联结关系，消除了养殖户资金、技术短缺难题，也化解了生猪市场价格风险的不利影响。

（2）"公司＋合作社＋基地＋养殖户"模式。四川齐全农牧集团，经过多年探索出"公司＋合作社＋基地＋农户"养殖模式及"四六开"分红模式，其中合作社负责组织农户生猪养殖，养殖户按公司的标准，修建猪舍，提供劳力，公司则负责出资、承担饲养风险，按国家标准向养殖户提供猪仔、饲料、兽药、疫苗、技术、管理服务，负责基地建设，投资建设垃圾、污水处理厂等设施，把生猪养殖中产生的废弃物制成沼气，把沼液、沼渣制成有机肥，实施种养结合，把原本的污染物转化为基地和相邻农户种植业需要的有机肥。生猪出栏时，由公司统一回顾销售，除去替养殖户垫付的各种成本，剩余利润，公司和养殖户按 4∶6 比例分红，市场不好或有疫情情况下，公司担保，养殖户仍可获得 60 元/头的利润。

（3）"政府＋公司＋合作社＋养殖户"模式。兴文县是四川生猪养殖和调出大县之一，生猪养殖是当地农民收入的主要来源，但该县生猪养殖分散，抗风险能力弱，为改变生猪发展不利局面，县政府极力推动生猪产业发展，一是出台专项资金，对全县所有符合扶持条件的规模养殖户进行贷款贴息、存栏能繁母猪发放补贴，激发养殖户生猪养殖积极性；二是从外地引进专业养殖公司，支持和帮助养殖户建立优良母猪基地，改良当地生猪品种；引导兴建生猪养殖专业合作社，采用"公司＋合作社＋养殖户"模式，建立由养殖公司、合作社、养殖户、县畜牧局、金融部门、担保公司、保险公司共同参与的联盟；通过采用合同形式吸纳养殖户入社，种养结合，给予合同养殖户仔猪、饲料、兽药、养殖设备赊销，生猪出栏时采取保底收购政策，确保合同养殖户长期经济收益。

（4）"龙头企业＋合作社＋养殖户"模式。四川欣康绿食品公司作为该模式的主要负责和组织协调方，其依据"六统一、一同收"的要求，采用"寄养代养"、"订单养殖"等模式，与养殖企业、养殖户合作，形成稳定的利益联结和运行机制，在生猪养殖密集的乡镇，培育全产业链的养殖小区。此外，如四川茂华公司构建包括养殖业、种植业、农产品加工业的专业化生态养殖园区，即采用"公司＋合作社＋农户"模式，带动附近乡镇农户发展生猪养殖；建设桂花、银杏、桢楠、核桃等产业园及签约万亩基地，消纳园区内生猪养殖过程中产生的污染物，利用沼气设备转化污染物为沼气加以利用，沼液通过发酵存放储蓄池，灌溉种植业，猪粪经过干湿分离作为种植业肥料，实现种养结合。

（5）"公司＋合作社＋家庭农场"代养模式。家庭农场是最通行的适度规模经营组织形式，具有稳定收益、自身积累机制及适度规模经济效应，是发展现代化农业的经典模式之一。其中"家庭农场＋公司"模式，能让分散户通过规模经营以及现代化养殖方式，转变为集中饲养，实施种养结合，发展循环经济。如华西希望·德康集团 100 万头生猪养殖项目，采用"公司＋合作社＋家庭农场"代养模式，即合作社组织，公司联合饲料厂、保险公司，负责统一提供仔猪、饲料、养殖技术，家庭农场主缴纳一定诚信合作金，租赁并逐年回购生猪圈舍，按公司要求进行生猪饲养，公司支付其 200～300 元/头代养费，生猪出栏时由公司回购，该模式降低了家庭农场主市场风险，养殖收益得到保障，每户每年可收益 20 万～30 万元，同时该模式也有利于农场主掌握先进的饲养技术，成为新型职业农民。

（6）"互联网＋公司＋农户"生态养殖模式。该模式是龙头企业同愿意并能够代养养殖户订立合同，根据合同条款，企业向代养户提供仔猪、对生猪编号，统一提供青饲料，支付代养费，统一回收猪粪，进行发酵处理后，免费提供给代养户种植使用。公司根据代养户分布，划分生猪代养点，每个代养点养殖规模控制在100～500头，统一给代养户配备饲养设备，接通互联网，通过互联网提供技术指导，监督代养户按公司要求建猪舍，全程采用青饲料喂养。公司通过互联网宣传吸引全国各地客户参与认养生态猪，并网签认养协议。当地政府利用政策资金给予支持，做好互联网设备配套，搭建农业电子政务平台、公共服务平台、电子商务平台，助推"互联网＋公司＋农户"模式升级。

（7）启示。通过对四川省生猪养殖户采用的典型养殖模式进行总结与对比，得出四点启示：一是生猪适度规模养殖的顺利推进需要进行有效的制度创新，需在生猪政策、产业组织、生猪价格、风险规避、技术推广与服务、污染治理补贴等方面强化制度创新力度，探索新模式；二是模式探索过程中，须注意适度养殖规模的确定需因不同的地理位置、不同的发展阶段、不同的资源条件而有所差异；三是生猪适度规模养殖要准确把握"度"，实现某种均衡下，实现生产要素的最优配置，而不是强调规模最大化；四是养殖模式的选取，需考虑拟选取养殖模式与自身的匹配性，需基于自身养殖实况（表3-5）。

表3-5 养殖模式

养殖模式	主要特征	适用地区	典型模式
"公司＋养殖户"模式	有产供销一体的龙头企业带头、政府政策支持、农户低风险、低投入	较高抗风险能力的企业牵头、有较好的养殖传统和规模、政府积极推动	广东温氏集团合江县60万头生猪产业一体化项目、旺苍县成都农有公司探索的"公司＋农户"生态猪代养模式
"公司＋合作社＋基地＋养殖户"模式	建立利益联结机制，公司替养殖户承担风险	有龙头企业带动，良好的养殖基础	四川遂宁市齐全农牧集团"四六开"模式、古蔺县"公司＋专合社＋基地＋农户"模式、梓潼县正大集团建设50万头生猪产业链项目
"政府＋公司＋合作社＋养殖户"模式	强调政府作用，推动土地、资金等生产要素集中	经济发达地区或生猪规模养殖水平较高地区使用	兴文县的"种养结合、联盟互动"模式
"龙头企业＋合作社＋养殖户"模式	注重统一建设、分户经营，统分结合，充分发挥了个体的积极性和园区的规模优势	产业集群效应比较显著的地区	荣昌县生猪养殖产业生态科技园、彭州市推行"龙头企业＋合作社＋养殖户"养殖小区模式、四川茂华生态养殖园

（续）

养殖模式	主要特征	适用地区	典型模式
"公司＋合作社＋家庭农场"代养模式	以龙头企业为主体形成了一体化经营格局、农户资金压力小，不直接面对市场，农户和公司"风险共担，利益共享"	有实力雄厚的龙头企业、代养农户积极性高、有一定发展基础和潜力	华西希望·德康集团宜宾县 100 万头生猪养殖项目、四川铁骑力士集团的"1211"生猪代养模式
"互联网＋公司＋农户"模式	利用互联网平台、有带头企业、愿意饲养的养猪户，政府积极参与	各地都可以尝试	丹棱县"互联网＋"生态养殖模式

资料来源：根据《四川农村年鉴》、相关网站和研究文献整理所得。

3.4　样本区养殖户养殖现状分析

3.4.1　样本区范围与调查设计

3.4.1.1　样本区范围

由 2007—2014 年四川省 21 市（州）生猪出栏量、2014—2015 年四川省 21 市（州）生猪存栏量、猪肉产量可知（表 3-6 至表 3-8）：四川省生猪生产布局大致分为四个区域，一是成都市、南充市、达州市、凉山州、资阳市、宜宾市所属区域，年生猪出栏和猪肉产量比重分别约占全省总量的 45%；二是广安市、绵阳市、遂宁市、巴中市、泸州市、广元市所属区域，约占全省的 30%；三是德阳市、乐山市、内江市、眉山市、自贡市、雅安市所属区域，占全省的 23%；四是攀枝花市、阿坝州、甘孜州所属区域，约占全省的 2%。根据石承苍和刘定辉（2013）对四川省自然地理环境与农业分区研究成果，结合近年四川各市（州）生猪存出栏量、猪肉产量，可知四川生猪生产主要分布在盆地丘陵、盆西平原、盆周山地三个大区及其所属的 10 个亚区。本书从四川生猪生产布局的前两个区域选取 6 个县（区）作为本书研究区域和问卷样本调查区域，分别是资阳市乐至县和安岳县、遂宁市射洪县和船山区、眉山市东坡区、雅安市名山区，其中乐至县、安岳县、射洪县、船山区属于盆地丘陵大区中的盆中丘陵亚区，东坡区和名山区属于盆西平原大区中的乐山次中心亚区，以上县（区）能较好地代表着四川生猪最主要生产区域。除此之外选取以上县（区）作为样本区还基于以下考虑：

（1）乐至县和安岳县生猪适度规模养殖比重较高。资阳市属四川省现代畜牧业发展试点市，生猪产业优势较明显，所属的乐至县、安岳县区域内生猪适度规模养殖发展较好，均是国家生猪调出大县和四川省现代畜牧业重点县，其中 2014 年乐至县、安岳县生猪适度规模养殖比重分别达 72.3％、60％以上，均是全国生猪调出百强县。

（2）射洪县和船山区生猪产业优势较明显。遂宁市属四川生猪产业发展的排头兵，优势较明显，2014 年全市猪肉产量 26.8 万吨，占全省的 5.08％，出栏量达 383.93 万头，占全省的 5.16％[①]。其中遂宁市射洪县属国家生猪调出大县、畜牧业大县、省试点县，2014 年出栏生猪 93.17 万头，船山区属四川省首批 50 个现代畜牧业培育重点县之一和国家生猪调出大县，2015 年出栏生猪 58.7 万头[②]。

表 3-6　2007—2014 年四川省 21 市（州）生猪出栏量比重

单位：％

市（州）	2006	2007	2008	2009	2010	2011	2012	2013	2014
成都市	10.34	10.41	10.33	10.24	10.19	10.18	10.11	9.98	9.94
自贡市	3.20	3.16	3.19	3.15	3.12	3.12	3.12	3.12	3.12
攀枝花市	0.88	0.86	0.83	0.82	0.82	0.83	0.83	0.83	0.84
泸州市	4.88	5.04	5.10	5.05	5.02	5.01	5.00	5.02	5.04
德阳市	5.59	5.35	4.83	4.81	4.77	4.79	4.78	4.79	4.79
绵阳市	5.24	5.35	5.18	5.19	5.18	5.18	5.17	5.19	5.20
广元市	5.22	5.45	4.91	4.96	4.91	4.95	5.03	5.02	5.03
遂宁市	4.82	4.93	5.15	5.15	5.14	5.15	5.13	5.14	5.16
内江市	4.16	4.24	4.36	4.35	4.33	4.31	4.31	4.32	4.32
乐山市	4.97	4.74	4.74	4.68	4.67	4.65	4.64	4.64	4.75
南充市	8.13	7.97	8.15	8.56	8.48	8.50	8.49	8.48	8.48
眉山市	3.87	3.89	4.03	4.07	4.05	4.05	4.05	4.05	4.06
宜宾市	6.25	6.35	6.39	6.35	6.32	6.29	6.28	6.29	6.31
广安市	5.80	5.74	5.72	5.70	5.69	5.68	5.70	5.71	5.72
达州市	7.13	6.92	6.84	6.75	6.70	6.68	6.67	6.67	6.69
雅安市	1.68	1.63	1.69	1.67	1.67	1.67	1.67	1.68	1.69

① 数据分别来自 2014 年国家、四川省及遂宁市国民经济和社会发展公报。

② 数据分别来自三区县 2015 年国民经济和社会发展公报。

（续）

市（州）	2006	2007	2008	2009	2010	2011	2012	2013	2014
巴中市	5.13	5.08	5.15	5.12	5.09	5.08	5.08	5.08	5.09
资阳市	6.32	6.35	6.44	6.44	6.46	6.47	6.46	6.47	6.49
阿坝藏族羌族自治州	0.42	0.41	0.40	0.41	0.41	0.44	0.46	0.49	0.52
甘孜藏族自治州	0.28	0.28	0.27	0.27	0.28	0.30	0.31	0.31	0.31
凉山彝族自治州	5.69	5.88	6.29	6.27	6.71	6.70	6.71	6.70	6.71

资料来源：根据《四川统计年鉴》（2007—2015 年）中数据整理所得。

表 3 - 7　2014—2015 年四川省 21 市（州）年末存栏量及比重

单位：万头，%

市（州）	2014 年		2015 年	
	存栏量	存栏量比重	存栏量	存栏量比重
成都市	434.13	8.66	418.64	8.69
自贡市	138.30	2.76	133.23	2.77
攀枝花市	48.78	0.97	47.16	0.98
泸州市	271.57	5.42	261.06	5.42
德阳市	228.40	4.56	220.21	4.57
绵阳市	249.80	4.98	241.00	5.00
广元市	245.19	4.89	236.36	4.91
遂宁市	226.28	4.51	218.30	4.53
内江市	235.02	4.69	226.25	4.70
乐山市	198.60	3.96	191.89	3.98
南充市	434.15	8.66	418.19	8.68
眉山市	207.84	4.15	200.66	4.17
宜宾市	332.96	6.64	320.60	6.66
广安市	320.40	6.39	308.48	6.41
达州市	370.65	7.39	356.81	7.41
雅安市	91.01	1.82	87.82	1.82
巴中市	239.97	4.79	231.22	4.80
资阳市	282.02	5.63	272.07	5.65
阿坝藏族羌族自治州	33.71	0.67	33.65	0.70
甘孜藏族自治州	28.68	0.57	28.81	0.60
凉山彝族自治州	394.81	7.88	380.84	7.91

资料来源：根据《四川统计年鉴》（2015—2016）中数据整理所得。

表 3-8 2014—2015 年四川省 21 市（州）猪肉产量及比重

单位：万吨，%

市（州）	2014 年		2015 年	
	猪肉产量	猪肉产量比重	猪肉产量	猪肉产量比重
成都市	51.63	9.79	50.59	9.90
自贡市	16.12	3.06	15.69	3.07
攀枝花市	4.01	0.76	3.99	0.78
泸州市	26.55	5.04	26.03	5.09
德阳市	24.91	4.73	24.26	4.75
绵阳市	27.54	5.22	26.84	5.25
广元市	25.89	4.91	25.32	4.96
遂宁市	26.8	5.08	26.07	5.10
内江市	22.61	4.29	22.02	4.31
乐山市	24.18	4.59	23.65	4.63
南充市	44.34	8.41	43.15	8.45
眉山市	21.4	4.06	20.90	4.09
宜宾市	33.01	6.26	32.17	6.30
广安市	29.88	5.67	29.08	5.69
达州市	35.14	6.67	34.18	6.69
雅安市	9.51	1.80	9.26	1.81
巴中市	26.68	5.06	25.99	5.09
资阳市	34.15	6.48	33.25	6.51
阿坝藏族羌族自治州	2.78	0.53	2.93	0.57
甘孜藏族自治州	1.34	0.25	1.35	0.27
凉山彝族自治州	34.55	6.55	34.14	6.68

资料来源：根据《四川统计年鉴》（2015—2016 年）中数据整理所得。

（3）东坡区和名山区有较好的代表性。两区属典型的"经济作物（水果、茶叶）＋养殖"模式，均为国家生猪调出大县，其中眉山市属四川省现代畜牧业发展试点市，生猪适度规模养殖发展较好，所属的东坡区为四川省第二批现代畜牧业重点县，2015 年两区出栏生猪分别为 64.9 万头、49.03 万头。选取东坡区、名山区作为研究区域，以便于与生猪养殖强市资阳市、遂宁市区域进行区分，确保样本区域全面性。

3.4.1.2　调查设计

（1）问卷设计。问卷共有三部分，分别是养殖户及生猪养殖基本情况、生猪养殖户规模养殖认知与适度养殖规模评判、生猪养殖户适度规模养殖决策影响因素。问卷设计初稿完成后，分别于 2015 年 11 月 2 日—4 日、2016 年 1 月 19 日—23 日到四川资阳市雁江区迎接镇东庵村、前丰村、保和镇马蹄湾村、乐至县大佛镇大佛寺村、赖石村、源柏村福源猪业专业合作社、高寺镇来龙村、遂宁市射洪县金鹤乡金山社区、蓬溪县大石镇天宫堂村对不同规模生猪养殖户进行问卷预调查，后经修改，确保问卷设计问题与实际情况相符。

（2）问卷样本乡（镇）、村选择。采用分层抽样方法进行抽样。首先，为使样本具有代表性，选取样本乡镇前，在四川省科技支撑计划项目"生猪现代产业链关键技术研究集成与产业化示范（2012NZ0001）""生猪现代产业链高效配套技术研究与集成示范（2013NZ0056）"项目资助下，分别到所选取的 6 个县（区）进行了调研，收集到了近五年各县（区）畜牧统计资料和工作总结，根据这些资料，选取是否是生猪生产核心区、是否是调出基地、年出栏规模、交通状况等指标分别对各县（区）所属乡（镇）进行打分排序，分别选取各县（区）排序最前面、中间、最后各 2 个乡（镇），共确定 36 个乡（镇）。其次，根据生猪养殖集中程度、生猪产业水平、农民人均可支配收入对各乡镇所属的村进行评估排序，以综合评估结果均值为标准，采取随机抽样方法，选取各乡（镇）高于和低于均值的 2 个村，共确定 72 个村。

（3）问卷样本户选择。采用分层和随机抽样方法进行抽样，为使养殖户有代表性，兼顾不同规模养殖户，每个村随机选取 10 个不同规模养殖户进行问卷调查，共确定调查生猪养猪户 720 个。由于养殖户分布较分散，所选定的有些村达不到 10 户，未达到问卷样本目标量。对已调查的养殖户样本进行整理，总结调查中存在的问题，完善问卷和调研方案后，请各县（区）畜牧局推荐其他有代表性的乡（镇），再由该乡（镇）畜牧兽医站推荐生猪养殖比较集中、养殖规模分布较均匀的村，按照不同规模养殖户各占 25% 比重，随机选取养殖户进行问卷调查，完成预期样本目标剩余量。

（4）问卷调查过程。调查前对调查员进行了培训，使之清晰了解本次调查的目的、问卷的内容及调查应注意的事项等内容，为高效获取真实数据奠定基础。为保证调查顺利完成，调查前制定了详细的调查方案，整个调研过程基本上按照既定方案进行。为确保问卷结果真实有效，调查员到养殖户家中，采用问答形式，调查员填写完成问卷。问卷调研流程大致是：首先，携带介绍信或相关函件到所选县（区）访畜牧局，请求给予调研帮助；其次，到样本调查乡（镇）畜牧兽医站请求联系调研村及给予协助；最后，由调查员一对一入户调查。

（5）问卷样本分布。2016 年 3 月—5 月共向资阳市安岳县和乐至县、遂宁市射洪县和船山区、雅安市名山区、眉山市东坡区生猪养殖户发放调查问卷720 份，收回有效问卷 709 份，问卷有效回收率为 98.47%，其中安岳县 117份、乐至县 185 份、射洪县 104 份、船山区 64 份、东坡区 138 份、名山区 101份，问卷分布在 6 县（区）所属的 60 个乡（镇）187 个村，详见表 3－9。参照《全国农产品成本收益资料汇编》中生猪养殖规模划分标准①，其中散养户（$Q \leqslant 30$）58 份、小规模（$30 < Q \leqslant 100$）养殖户 184 份、中规模（$100 < Q \leqslant 1\,000$）养殖户 414 份、大规模（$Q > 1\,000$）养殖户 53 份，Q 为年养殖规模。

表 3－9　问卷具体分布

县（区）	乡（镇）	村　　名
名山区	红星镇	上马村、华光村、罗湾村、天王村、龚店村、白墙村
	联江乡	合江村、续元村、藕花村、凉水村、土墩村、九龙村、紫萝村
东坡区	松江镇	新民村、中坝村、眉青村、龙堰村
	广济乡	丛林村、济光村、同心村、卫星村
	思濛镇	沈店村、铧头村、浦坎村
	复兴乡	膏村村、五皇村、群英村、红五星村
	柳圣乡	力争村、楠桥村
	秦家镇	白堰村、新星村、麻桥村
	多悦镇	两河口村、天公村、石马村
乐至县	凉水乡	谢家桥村、桂花村、灶王庙村、三河嘴村、中保安村、丁家嘴村、九洞寺村
	童家镇	谭家沟村、骑龙村、大石沟村、童家村
	大佛镇	骑龙店村、赖石村、许家沟村
	回澜镇	互助村、熊家桥村
	石佛镇	八角村、廖家沟村、烂泥沟村、油草堰村、放生村
	东山镇	义学村、东乐村、同心村、白塔村
	高寺镇	梨子湾村、永乐村、石堰村、滑石村、凤凰村、绍兴村、赛老村
	中天镇	青岗村、刘寺村、天灯村、普照村
	良安镇	吊棺咀村、常新村

———————

① 本书中的所有养殖规模均按照此标准进行划分。

（续）

县（区）	乡（镇）	村　　名
安岳县	云峰乡	马犁村、平顶山村、凤泉村
	石羊镇	红楼村、幺店村、华严洞村、赤云村、启元村、凡水村
	岳阳镇	贾岛村、龙潭村、金华村、关新村
	千佛乡	空洞村、上游村、龙铁村、糖房村
	兴隆镇	大成村、老林村、学堂村
	周礼镇	田坎村、桂湖村、斑竹村、龙兴村
	永清镇	三元村、福堰村、大碑村、六角村
	天宝乡	碑口村、金湾村、白路村
	文化镇	板栗村、凉风村
	瑞云乡	六合村、顺河村
	龙桥乡	千金村、大冲村
	拱桥乡	东安村、槐安村
	共和乡	碑坡村、一井村
	驯龙村	棚安村
	石桥铺镇	锋火村
	宝华乡	双沟村
	清流乡	翰林村
	协和乡	谭沱村
	镇子镇	云桥村
射洪县	童射镇	犀牛村、黄连村、北寨村、金马村
	金华镇	中坪村、黑水浩村、石桥村
	沱牌镇	何家堰村、竹林村、华严村、宝竹村
	文升乡	广龙村、石碑垭村、双水庙村
	仁和镇	水头寨村、白象村、天宫村
	曹碑镇	义和村、大池村、高华村
	涪西镇	鲤鱼村、观音村
	金家镇	桥儿堰村、核桃村
	万林乡	常乐村、夏家大田村
	广兴镇	武南村、新场村
	瞿河乡	龙凤村、大塘溪村
	复兴镇	打石坝村
	明星镇	天马山村

（续）

县（区）	乡（镇）	村　　名
船山区	永兴镇	白鹤林村、孟桥村、永兴村、欧阳祠村、长五间村、大面沟村、蒲草沟村、元宝村
	仁里镇	松林村、六角村、文武村、罗家桥村、猫儿洲村
	复桥镇	复兴社区、唐春村、冬春村、定宝村
	河沙镇	祠堂村、谷村、王家场村、
	西宁乡	福光庙村、樟树堰村、徐家堰村、斑竹园村
	保升乡	太和桥村、干田坝村、宝凤村、刘板桥村、插板堰村
	龙坪镇	涪江村
	龙凤镇	天星坝
	新桥镇	白永桥村
	老池乡	店子村

3.4.2　养殖规模与养殖决策现状分析

（1）养殖规模现状。所调查的养殖户中，普通养殖户居多，占62.25%，其次较多的是合作社或协会成员、公司加农户会员，而村干部、其他养殖户较少，见表3-10。2013—2015年生猪养殖户养殖规模逐年增大，养殖户养殖规模间差异较大，以中小养殖规模居多，占样本数逾八成（表3-11、表3-12）。

表3-10　身份属性

身份类型	频数	比例（%）
普通养殖户	492	65.25
合作社或协会成员	149	19.76
公司加农户会员	57	7.56
村干部	24	3.18
其他	32	4.24

资料来源：根据问卷调查数据整理所得。

表3-11　2013—2015年生猪养殖规模统计

年份	最小值	最大值	均值	中位数	众数	标准差
2013	0	30 000	376.78	123	100	1 498.27
2014	0	50 000	438.99	150	100	2 172.86
2015	1	50 000	506.25	170	100	2 219.18

资料来源：根据问卷调查数据整理所得。

表 3 - 12　2013—2015 年各养殖规模比重

单位:%

年份	散养	小规模	中规模	大规模
2013	12.83	31.59	51.06	4.51
2014	11.28	27.93	55.29	5.50
2015	8.18	25.95	58.39	7.48

资料来源:根据问卷调查数据整理所得。

逾 80%的养殖户认为生猪养殖规模已达到适度养殖规模,其中养殖规模越大,认为达到适度养殖规模的养殖户所占比重越高,而养殖规模越小,则反之(表 3 - 13、表 3 - 14)。

表 3 - 13　适度规模养殖分析

养殖规模	频数	比例（%）
未达到适度养殖规模	140	19.75
达到适度养殖规模	569	80.25

资料来源:根据问卷调查数据整理所得。

表 3 - 14　不同养殖方式下适度规模养殖分析

单位:%

养殖规模 \ 养殖方式	散养	小规模	中规模	大规模
未达到适度养殖规模	50.85	35.14	11.35	9.52
达到适度养殖规模	49.15	64.86	88.65	90.48

资料来源:根据问卷调查数据整理所得。

多数养殖户知晓年出栏 500 头以上规模养猪是未来生猪养殖的主要发展趋势,占样本 64.74%,生猪养殖规模越大,规模养猪知晓程度越高,见表 3 - 15、表 3 - 16。

表 3 - 15　规模养殖认知

知晓程度	频数	比例（%）
不知晓	250	35.26
知晓一点	346	48.80
完全知晓	113	15.94

资料来源:根据问卷调查数据整理所得。

表 3-16 不同规模下知晓程度

单位：%

不同规模 知晓程度	散养	小规模	中规模	大规模
不知晓	67.80	48.65	26.71	16.67
知晓一点	27.12	37.84	55.79	57.14
完全知晓	5.08	13.51	17.49	26.19

资料来源：根据问卷调查数据整理所得。

养殖户认为规模养猪能降低成本，增加收入，其次分别是能充分利用圈舍、降低各种风险、提高养殖技术水平，而认为能减少污染的还较少，占8.9%，见表 3-17。

表 3-17 规模养殖优势认知

类　　型	频数	比例（%）
降低成本，增加收入	599	37.53
降低各种风险	240	15.04
充分利用圈舍	245	15.35
提高养殖技术水平	209	13.10
减少污染	142	8.90
增强市场议价能力	83	5.20
引进先进管理技术	61	3.82
其他	17	1.07

资料来源：根据问卷调查数据整理所得。

（2）养殖决策现状。调查显示，养殖户对未来生猪市场价格不清楚所占的比重较高，占41.47%，认为会下跌的所占比重也较高，占33%，表明养殖户在生猪养殖决策中存在盲目、悲观心理，见表 3-18。

表 3-18 预期价格

预期价格	频数	比例（%）
会下跌	234	33.00
和现在持平	138	19.46
会上涨	43	6.06
不清楚	294	41.47

资料来源：根据问卷调查数据整理所得。

养殖户期望以中小规模养殖为主，期望养殖规模在 101~1 000 头的居多，占 59.10%，其次为 31～100 头，占 24.12%，而期望规模在 30 头以下、1 000 头以上的较少，见表 3-19。

表 3-19　期望养殖规模

期望规模	频数	比例（%）
30 头以下	57	8.04
31～100 头	171	24.12
101～1 000 头	419	59.10
1 000 头以上	62	8.74

资料来源：根据问卷调查数据整理所得。

大多数生猪养殖户计划维持现有养殖规模或扩大规模，占 93.08%，表明养殖户继续从事生猪养殖的积极性还较高，见表 3-20。

表 3-20　养殖规模调整

规模调整	频数	比例（%）
不养了	12	1.69
缩小养猪规模	37	5.22
维持规模现状	388	54.72
扩大养殖规模	272	38.36

资料来源：根据问卷调查数据整理所得。

生猪养殖户调整养殖规模考虑的因素主要有三方面，一是当年生猪、仔猪、粮食价格，二是往年养猪是否赚钱，三是猪圈大小，而考虑饲养技术水平、种地规模、粮食产量、是否容易雇人养猪、环境规制等因素的还较少，占 18.87%，而考虑自身污染治理能力的仅占 3.41%，原因是 2015 年新环境规制实施效应存在时滞，见表 3-21。

表 3-21　调整养殖规模考虑的因素

处理方式	频数	比例（%）
往年养猪是否赚钱	433	31.42
当年生猪、仔猪、粮食价格	480	34.83
种地规模	52	3.77
粮食产量	46	3.34
猪圈大小	205	14.88
是否容易雇人养猪	32	2.32
饲养技术水平	83	6.02
环境规制	47	3.41

资料来源：根据问卷调查数据整理所得。

生猪养殖户借贷款还较困难，资金短缺也是限制生猪规模养殖的因素之一。调查显示，生猪养殖户没有贷过款的较多，认为很难借贷到的占 31.88%，认为偶尔能借贷到的占 12.83%，容易借贷的占 20.03%，见表 3-22。

表 3-22　资金借贷难易程度

借贷难易	频数	比例（%）
容易借贷	142	20.03
偶尔能借贷到	91	12.83
很难借贷到	226	31.88
没有贷过	250	35.26

资料来源：根据问卷调查数据整理所得。

3.4.3　生猪规模养殖经济效益分析

（1）未考虑污染治理等成本。生猪养殖户年收入为 2015 年出售育肥猪头数、每头出售均价、每头出售均重的乘积与所获得的各种政策补贴之和。生猪养殖年投入成本为生猪养殖中各项费用投入之和。育肥猪保险补贴、病死猪无害化处理补助、能繁母猪保险补贴政策是生猪养殖户能获得最多的补贴政策，其次是购买优质种猪精液补贴政策，年平均获得 1.409 万元，所获各种政策补贴差异不大（表 3-23）。

表 3-23　2015 年获得的生猪政策补贴

单位：万元,%

生猪政策	频数	比例	最小值	最大值	均值	标准差
政策补贴汇总	2 190	308.90	0	106	1.409	5.624
能繁母猪保险补贴	442	62.34	0	12	0.079	0.479
育肥猪保险补贴	706	99.58	0	65	0.663	2.890
重大疫病强制免疫补助	24	3.39	0	4.7	0.033	0.309
病死猪无害化处理补助	585	82.51	0	5.92	0.185	0.413
标准化规模养殖小区建设补助	20	2.82	0	30	0.336	2.762
购买优质种猪精液补贴	398	56.14	0	5	0.030	0.200
生猪调出大县奖励	5	0.71	0	10	0.020	0.400
粪污处理设备补贴	10	1.41	0	10	0.034	0.537

资料来源：根据问卷调查数据整理所得。

生猪养殖户所获年养殖净利润为年收入与投入总成本之差。若不考虑污染治理成本、风险损失额间接技术费用及土地成本,2015 年生猪养殖户年均获利 24.49 万元,最高获利 4 637.98 万元,最多亏损 57.19 万元,个体间年盈亏差异大(表 3-24 至表 3-26);生猪养殖规模大的养殖户中,盈利养殖户所占比重较高,而养殖规模小的亏损养殖户所占比重较高(表 3-27、表 3-28)。

表 3-24 2015 年养殖户生猪养殖年收入

单位:万元

收入	最小值	最大值	均值	中位数	标准差
总体	0.19	10 006.00	97.74	31.57	429.55
散养	0.19	6.08	3.73	3.79	1.60
小规模	4.40	32.58	14.67	14.18	5.25
中规模	14.10	241.70	62.06	48.85	42.64
大规模	190.78	10 006.00	767.80	399.56	1 400.52

资料来源:根据问卷调查数据整理所得。

表 3-25 2015 年养殖户生猪养殖年成本

单位:万元

成本	最小值	最大值	均值	中位数	标准差
总体	0.44	5 368.02	73.25	25.69	268.30
散养	0.44	33.02	4.40	3.57	5.02
小规模	3.29	39.22	12.57	11.80	5.61
中规模	10.28	207.86	47.16	38.34	32.29
大规模	109.19	5 368.02	563.12	329.86	831.52

资料来源:根据问卷调查数据整理所得。

表 3-26 2015 年生猪养殖户养殖年净利润

单位:万元

净利润	最小值	最大值	均值	中位数	标准差
总体	−57.19	4 637.98	24.49	5.31	179.86
散养	−29.07	2.33	−0.67	0.23	4.92
小规模	−17.85	16.49	2.10	1.94	4.51
中规模	−41.39	123.27	14.90	10.53	21.48
大规模	−57.19	4 637.98	204.69	84.25	627.24

资料来源:根据问卷调查数据整理所得。

表 3 - 27　2015 年养殖户生猪养殖年净利润统计分析

单位:%

指标	盈利	亏损
所占比重	83.36	16.64
适度规模养殖	81.91	73.13
未适度规模养殖	18.09	26.87

资料来源:根据问卷调查数据整理所得。

表 3 - 28　2015 年各养殖模式年净利润统计分析

单位:%

指标	不同养殖规模			
	散养	小规模	中规模	大规模
盈利	41.38	59.78	77.30	79.25
亏损	58.62	40.22	22.70	20.75

资料来源:根据问卷调查数据整理所得。

(2) 考虑污染治理等成本。若考虑污染治理成本、风险损失额、间接技术费用及土地成本,养殖户养殖成本将增加,导致年净利润降低,盈利养殖户所占比重降低,此结果与 Xinyu P & Yanjun C(2011)的研究结论一致,即污染治理成本已成为生猪养殖户养殖规模的限制因素。2015 年生猪养殖户年均获利 19.46 万元,最高获利 4 362.68 万元,最多亏损 109.07 万元,个体间年盈亏差异大(表 3 - 29、表 3 - 30)。依据 2015 年生猪养殖户自我评判实际养殖规模是否达到适度养殖规模,将生猪养殖户划分为适度规模养殖户和未适度规模养殖户。由表 3 - 31、表 3 - 32 可知,适度规模养殖户中盈利的占多数,未适度规模养殖户中亏损的占多数,结果表明养殖户作为有限理性"经济人",获取经济利润是其选择适度规模养殖的主要动机。

表 3 - 29　2015 年养殖户生猪养殖年成本

单位:万元

成本	最小值	最大值	均值	中位数	标准差
总体	0.46	5 643.32	78.24	28.00	281.09
散养	0.46	34.12	4.79	3.82	5.19
小规模	3.42	47.53	13.93	13.00	6.16
中规模	11.65	228.82	50.73	41.51	34.29
大规模	120.80	5 643.32	596.73	359.73	867.56

资料来源:根据问卷调查数据整理所得。

表 3 - 30　2015 年生猪养殖户养殖年净利润

单位：万元

净利润	最小值	最大值	均值	中位数	标准差
总体	−109.07	4 362.68	19.46	3.26	168.69
散养	−30.18	2.11	−1.06	−0.19	5.04
小规模	−25.27	15.12	0.70	0.94	4.68
中规模	−62.38	116.04	11.27	7.96	21.07
大规模	−109.07	4 362.68	170.99	62.07	593.23

资料来源：根据问卷调查数据整理所得。

表 3 - 31　2015 年生猪养殖户养殖年净利润统计分析

单位：%

指标	盈利	亏损
所占比重	69.96	30.04
适度规模养殖	81.05	77.40
未适度规模养殖	18.95	22.60

资料来源：根据问卷调查数据整理所得。

表 3 - 32　2015 年各养殖模式年净利润统计分析

单位：%

指标	不同养殖规模			
	散养	小规模	中规模	大规模
盈利	41.38	59.78	77.30	79.25
亏损	58.62	40.22	22.70	20.75

资料来源：根据问卷调查数据整理所得。

3.4.4　养殖户养殖风险现状分析

（1）面临的风险。目前生猪养殖户主要面临三方面风险，一是生猪、猪肉价格波动风险，二是疫病频发风险，三是饲料、仔猪等价格波动风险，见表 3-33，此结果与徐磊等（2012）、张郁等（2015）、张郁和刘耀东（2017）的研究结论一致，即动物疫病风险、市场风险是畜牧业面临的最主要的风险类型，而养殖户对环境污染风险感知程度整体还较低。

表3-33 面临的各种风险

风险类型	频数	比例（%）
生猪、猪肉价格波动	638	30.07
猪饲料、仔猪等成本价格波动	344	16.21
疫病频发风险	555	26.15
自然灾害风险	133	6.27
政策变化风险	116	5.47
管理不善风险	129	6.08
饲养技术风险	134	6.31
环境污染风险	72	3.39

资料来源：根据问卷调查数据整理所得。

（2）风险态度。调查显示，约八成的生猪养殖户养殖中非常害怕饲养风险发生（表3-34、表3-35），此结果与马小勇（2006）的研究结论一致，即当前我国农村正规风险规避机制不完善，大多数生猪养殖户厌恶风险，为风险规避者，这也与舒尔茨的小农理论一致。

表3-34 风险态度

类型	频数	比例（%）
风险规避	567	79.97
风险中性	76	10.72
风险偏好	66	9.37

资料来源：根据问卷调查数据整理所得。

表3-35 不同养殖规模下风险态度

单位：%

指标	不同养殖规模			
	散养	小规模	中规模	大规模
厌恶	6.78	5.41	2.36	0.00
中立	28.81	23.78	23.88	28.57
偏好	64.41	70.81	73.76	71.43

资料来源：根据问卷调查数据整理所得。

依据 2015 年生猪养殖户自我评判实际养殖规模是否达到适度养殖规模，将生猪养殖户划分为适度规模养殖户和未适度规模养殖户。由表 3 - 36 可知，养殖户养殖行为与其风险态度反方向一致，呈现非理性，其中风险偏好者适度规模养殖所占比重较高，而风险规避者适度规模养殖的比重较低。

表 3 - 36　风险态度

单位：%

风险态度类型	厌恶	中立	偏好
所占比重	79.97	10.72	9.31
适度养殖	62.50	78.74	81.60
未适度养殖	37.50	21.26	18.40

资料来源：根据问卷调查数据整理所得。

（3）风险损失。表 3 - 37 显示，生猪养殖户年死亡头数差异较大，风险损失额度整体差异不大，除疫病发生给生猪养殖户造成损失以外的风险分别是市场价格风险、管理不善风险、自然灾害风险、饲养技术风险、环境污染风险，此结果与吴渭（2015）的研究结论一致，即动物疫病和市场价格风险对养殖户造成巨大损失。

表 3 - 37　生猪死亡及损失额

单位：头，万元

类　　型	最小值	最大值	均值	中位数	众数	标准差
死亡头数	1	740	27.181	14	20	54.373
疫病风险损失额度	0.006	67	2.793	1.2	1	5.383
其他风险损失额度	0.035	50	4.522	2	2	7.292

资料来源：根据问卷调查数据整理所得。

（4）风险应对措施。调查显示，生猪养殖户主要采用五方面措施应对生猪养殖风险：一是做好疫病防控；二是自繁仔猪；三是适时出售生猪；四是稳定规模降低成本；五是购买生猪各种保险，见表 3 - 38。此结果与李启宇和张文秀（2010）、徐磊等（2012）、卓志和王禹（2016）的研究结论一致，即农户具有强烈的风险意识，厌恶风险特质促使其遵循"安全考虑"，主要采用防疫措施、加入合作组织、购买生猪价格保险产品等事前风险决策、保守行为来避险。

表 3 - 38　风险应对措施

措施类型	频数	比例（%）
稳定规模降低成本	277	14.38
适时出售生猪	329	17.08
自繁仔猪	337	17.50
自制饲料	165	8.57
做好疫病防控	512	26.58
购买生猪各种保险	263	13.66
放弃养猪，从事其他行业	28	1.45
其他（加入公司、合作社）	15	0.78

资料来源：根据问卷调查数据整理所得。

3.4.5　养殖户养殖技术现状分析

（1）生猪品种与所用饲料。调查显示，养殖户饲养的生猪品种中洋三元所占比重最多，其次为土杂猪，而土三元最少，66.71%的养殖户认为所养殖的生猪品种为优良品种，33.29%的认为所养殖的生猪品种为普通品种，见表 3 - 39。生猪饲养中以全价料为主，其次是自配的青粗饲料，而预混料、浓缩料约占三成，见表 3 - 40。

表 3 - 39　生猪品种

品种类型	频数	比例（%）
洋三元	300	39.95
土三元	213	28.36
土杂猪	238	31.69

资料来源：根据问卷调查数据整理所得。

表 3 - 40　饲料品种

品种类型	频数	比例（%）
青粗饲料	156	18.06
全价料	452	52.31
浓缩料	116	13.43
预混料	126	14.58
其他	14	1.62

资料来源：根据问卷调查数据整理所得。

（2）养殖技术来源。生猪养殖户饲养技术以自己摸索为主，其次主要来自当地畜牧兽医站、附近兽医，而通过合作社或协会、聘请技术员、亲戚、邻居及报纸、电视、网络等媒体途径获取技术的还较少，约占 20％，见表 3-41。

表 3-41　技术来源

品种类型	频数	比例（％）
自己摸索	584	41.18
聘请的技术员	50	3.53
附近的兽医	163	11.50
合作社或协会	60	4.23
当地畜牧兽医站	383	27.01
亲戚、邻居	64	4.51
报纸、电视、网络等媒体	93	6.56
其他	21	1.48

资料来源：根据问卷调查数据整理所得。

调查显示，仅有 146 个生猪养殖户 2015 年聘请了技术员，支付了技术费用，占样本数的 20.59％，年均支付技术费用 2.507 万元，最多支付 20 万元，最少支付 0.03 万元，养殖户支付的技术费用整体差异较大，见表 3-42。

表 3-42　年技术费用

单位：万元

统计指标	最小值	最大值	均值	中位数	众数	标准差
技术费用	0.03	20	2.507	1	1	4.037

资料来源：根据问卷调查数据整理所得。

（3）掌握的技术或技能及其评价。生猪养殖户已掌握较多的养殖技术或技能是给猪注射疫苗，其次依次是生猪疾病防治与合理用药、猪舍管理（温度、通风等）、饲料选用与配比、快速育肥喂养技术，而其他技术或技能，如掌握生猪养殖粪污处理技术的还较少，仅占 0.70％，见表 3-43。调查显示养殖技术或技能是生猪养殖户养殖中的重要生产要素，在所调查的 709 个生猪养殖户中，有 444 个认为所掌握的技术或技能对生猪养殖起较大帮助，163 个认为帮助一般，102 个认为没啥帮助，分别占 62.62％、22.99％、14.39％。

表 3 - 43   掌握的技术或技能

品种类型	频数	比例（％）
给猪注射疫苗	628	25.79
疾病防治与合理用药	559	22.96
饲料选用与配比	455	18.69
快速育肥喂养	268	11.01
猪舍管理（温度、通风等）	508	20.86
其他（污染治理）	17	0.70

资料来源：根据问卷调查数据整理所得。

（4）掌握的技术或技能项数与技术需求。调查显示，生猪养殖户以掌握 4 或 5 项技术或技能的居多（表 3 - 44），掌握技术或技能项数大致与适度规模养殖行为一致，即掌握的技术项数越多，适度规模养殖户所占的比重越高（表 3 - 45）。

表 3 - 44   技术项数

单位：％

掌握技术项数	1 项	2 项	3 项	4 项	5 项	6 项
所占比重	9.45	20.59	14.95	27.93	25.95	1.13
适度规模养殖	64.18	74.66	83.02	81.31	88.04	75.00
未适度规模养殖	35.82	25.34	16.98	18.69	11.96	25.00

资料来源：根据问卷调查数据整理所得。

表 3 - 45   不同养殖规模下技术项数

单位：％

变量	指标	不同养殖规模			
		散养	小规模	中规模	大规模
技术水平	1 项	28.81	10.81	6.38	7.14
	2 项	13.56	22.70	22.22	4.76
	3 项	18.64	20.00	11.82	14.29
	4 项	25.42	28.11	29.79	16.67
	5 项	11.86	17.84	29.31	47.62
	6 项	1.69	0.54	0.47	9.52

资料来源：根据问卷调查数据整理所得。

目前生猪养殖户首要的技术指导是疫病防治技术，其次是饲养管理技术和育肥饲养技术，而需要饲料配比技术指导的最少，见表3-46。

表3-46 最需技术指导

品种类型	频数	比例（%）
疫病防治技术	569	56.11
饲料配比技术	124	12.23
育肥饲养技术	155	15.29
饲养管理技术	166	16.37

资料来源：根据问卷调查数据整理所得。

3.4.6 养殖户污染治理现状分析

（1）生猪粪尿、废水处理方式。调查显示，猪粪尿、废水等治理还不尽乐观，处理不规范。目前生猪养殖户主要采用还田和制沼气的方式处理猪粪尿和废水，而采用做有机肥、出售等处理方式的较少，而采用废弃和直排方式的养殖户还较多，分别占12.55%、8.48%，见表3-47、表3-48、表3-49、表3-50。

表3-47 猪粪尿处理方式

处理方式	频数	比例（%）
还田	570	39.97
制沼气	598	41.94
做有机肥	47	3.30
出售	32	2.24
废弃	179	12.55

资料来源：根据问卷调查数据整理所得。

表3-48 不同养殖规模生猪养殖粪尿处理方式比较

单位:%

养殖规模	还田	沼气	有机肥	出售	废弃
小规模	43.491	42.899	1.775	0.592	11.243
中规模	38.999	42.724	3.958	1.979	12.340
大规模	31.967	41.803	5.738	1.639	18.852

资料来源：根据问卷调查数据整理所得。

表 3 - 49 废水处理方式

处理方式	频数	比例（%）
直排	79	8.48
还田	196	21.03
沉淀后排放	76	8.15
制沼气	498	53.43
进化粪池	83	8.91

资料来源：根据问卷调查数据整理所得。

表 3 - 50 不同养殖规模废水处理方式比较

单位：%

养殖规模	直排	还田	沉淀	沼气	化粪池
小规模	9.746	24.153	9.746	49.153	7.203
中规模	7.387	19.279	7.928	55.856	9.550
大规模	1.429	14.286	11.429	64.286	8.571

资料来源：根据问卷调查数据整理所得。

表 3-51 显示，大多数养殖户认为自家拥有的耕地基本能消耗掉生猪产生的猪粪，平均拥有耕地 22.073 亩*，由标准差可知耕地规模整体差异较大。近 50%的养猪户认为现有沼气池容积基本上可以消耗掉生猪产生的粪便，平均拥有沼气池 147.972 立方米，由标准差可知沼气池容积整体差异较大。建设沼气池平均投入 4.926 万元，由标准差可知沼气池建设成本差异较小，其中有391 个生猪养殖户获得了沼气建设补贴，占 55.148%，平均获得 1.139 万元，由标准差可知所获补贴差异较小。

表 3-51 显示，有 47 个生猪养殖户购买了有机肥生产设备，采用制有机肥方式处理生猪粪便，平均购买 1.581 台，由标准差可知整体购买台数差异较小，平均投入 9.702 万元，由标准差可知投入成本整体差异较大，其中只有21 个获得了设备补贴，平均获得 3.92 万元，由标准差可知所获补贴额差异较小，大多数生猪养殖户认为采用做有机肥方式能较好地处理生猪粪污。有 21个采用出售方式处理生猪粪便，占 2.962%，平均获得 1.75 万元，由标准差可知所获金额整体差异不大。有 179 个采用废弃方式处理猪粪，占 25.25%，

---

* 亩为非法定计量单位，1 亩＝1/15 公顷。——编者注

其中有 43 个认为自家拥有的土地不能堆放养猪产生的粪便，90 个认为基本能堆放，46 个认为完全能堆放，分别占 24.02%、50.28%、25.70%。

表 3-51　各种猪粪处理方式数据统计

单位：亩，万元，台

处理方式	最小值	最大值	均值	中位数	众数	标准差
耕地面积	0.4	1 000	22.073	7	10	73.314
沼气池面积	2	2 500	147.972	63.9	100	267.075
沼气建设成本	0.01	180	4.926	1	1	14.135
沼气建设补贴	0.01	40	1.139	0.2	0.1	3.484
有机肥设备台数	1	5	1.681	1	1	1.065
有机肥设备投入	0.04	100	9.702	3	3	16.435
有机肥设备补贴	0.02	26	3.92	2.2	3	5.629
出售收入	0.3	6	1.75	1	1	1.494

资料来源：根据问卷调查数据整理所得。

（2）生猪粪污处理费用。表 3-52 显示，709 个生猪养殖户中，平均每个养殖户年处理生猪粪污花费 0.839 万元，最多花费 70.2 万元，而每年猪粪污还田、制沼气等节约的费用平均为 0.6 万元，最多为 50 万元，分别低于处理费用，表明生猪养殖户处理猪粪污经济上不划算。而生猪养殖户获得污染治理补贴的还较少，在 709 个养殖户中只有 70 个获得了治理费用补贴，占样本数的 10.155%，平均获得 2.849 万元，由标准差可知所获补贴整体差异不大。

表 3-52　生猪粪污处理费用

单位：万元

费用	最小值	最大值	均值	中位数	标准差
处理费用	0	70.2	0.839	0.1	4.152
节约费用	0	50	0.600	0.1	2.919
补贴费用	0.03	20	2.849	3	3.260

资料来源：根据问卷调查数据整理所得。

（3）病死猪处理。表 3-53 显示，目前生猪养殖户主要采用深挖掩埋、交由保险公司高温消毒无害化处理病死猪，而采用丢弃方式处理所占的比例较低，仅占 1.29%，仅有中规模养殖户出现此行为（表 3-54），表明《国务院办公厅关于建立病死畜禽无害化处理机制的意见》已得到较好的实施，也与吴林海等（2017）的研究结论一致，即监管与处罚型政策是当前国家实施的病死猪无害化处理组合政策中最具影响效应的政策。

表 3 - 53　病死猪处理

处理方式	频数	比例（%）
深挖掩埋	523	67.48
焚烧	30	3.87
高温消毒	201	25.94
丢弃	10	1.29
其他（企业处理）	11	1.42

资料来源：根据问卷调查数据整理所得。

表 3 - 54　不同养殖规模病死猪处理方式比较

单位:%

养殖规模	深埋	焚烧	高温消毒	丢弃	其他
小规模	68.780	2.927	28.293	0	0
中规模	64.901	3.311	28.035	1.766	1.987
大规模	70.690	13.793	13.793	0	1.724

资料来源：根据问卷调查数据整理所得。

（4）环保政策措施期望。调查显示，生猪养殖户首要期望出台的环保政策措施是加大资金补贴力度，改扩建沼气池；其次是认为目前国家对病死猪无害化处理给予 80 元/头补偿标准过低，应提高补偿标准；再次期望的环保政策措施是当地政府应建立公共废弃物处理设施，集中处理猪粪、猪尿等污染物，余下期望出台的政策措施依次是引进粪尿处理企业、统一回收处理、给予粪污设备补贴、兑现生猪保险资金，见表 3 - 55。

表 3 - 55　生猪养殖户政策和措施期望

政策措施	频数	比例（%）
引进粪尿处理企业，统一回收处理	209	16.11
加大资金补贴力度，改扩建沼气池	486	37.47
建立公共废弃物处理设施	256	19.74
提高病死猪补偿标准	323	24.90
其他（给予粪污设备补贴、兑现生猪保险资金）	23	1.77

资料来源：根据问卷调查数据整理所得。

（5）治理压力。表 3-56、表 3-57 显示，大多数养殖户觉得治理压力较小，约占六成，出现此结果的可能原因是大多数养殖户采用种养结合模式，能较好地处理生猪养殖产生粪污，而污染治理压力与适度养殖行为成正比，治理压力越大，适度规模养殖户所占比重越高，治理压力越小，未适度规模养殖户所占比重越高，出现此结果表明污染治理压力已影响到生猪养殖行为，国家颁布实施的一系列环保法令、政策效应已经凸显。

表 3-56 污染治理压力

单位：%

压力大小	无	较小	一般	较大	非常大
所占比重	37.09	21.02	16.50	16.64	8.74
适度规模养殖	64.18	74.66	83.02	81.31	88.04
未适度规模养殖	35.82	25.34	16.98	18.69	11.96

资料来源：根据问卷调查数据整理所得。

表 3-57 不同养殖规模下治理压力

单位：%

变量	指标	不同养殖规模			
		散养	小规模	中规模	大规模
污染治理压力	无	52.54	41.62	34.04	26.19
	较小	16.95	16.76	23.17	23.81
	一般	10.17	16.22	17.02	21.43
	较大	13.56	17.84	16.55	16.67
	非常大	6.78	7.57	9.22	11.90

资料来源：根据问卷调查数据整理所得。

3.5 本章小结

首先，利用历年国家及四川省统计年鉴数据，从宏观层面对四川生猪养殖现状、生猪养殖成本收益、养殖模式进行分析与归纳，得出：

第一，四川历年生猪存栏量、出栏量及猪肉产量均居全国前列，年占比均超过 10%；四川生猪规模养殖水平高于全国平均水平，散养户正逐步退出，养殖主体中以中小规模养殖户为主。

第二，与全国平均水平相比，在成本收益方面相对具有优势，其中大规模养殖方式分别在产值、总成本、净利润、成本利润率方面具有优势，原因是四川生猪大规模养殖易产生规模经济，降低养殖成本，而小规模养殖方式在总成本、成本利润率方面具有优势，在产值和净利润方面具有劣势，散养和中规模养殖方式在总成本方面具有优势，在产值、净利润、成本利润率方面具有劣势。

第三，四川生猪养殖户采用的典型养殖模式大概有 6 种，在推进生猪养殖户适度规模养殖中，需要进行有效的制度创新，探索新养殖模式；养殖模式的选取，需考虑拟选取养殖模式与养殖主体的匹配性，基于自身养殖实况。

其次，利用问卷调查所获数据，对样本区生猪养殖户养殖规模现状进行分析，得出：

第一，生猪养殖户养殖规模逐年递增，中小养殖规模居多，规模养猪认知度高，多数计划维持现有养殖规模或扩大规模，继续从事生猪养殖的积极性和适度规模养殖的意愿较高。生猪养殖决策存在盲目、悲观心理，获取经济利润是其主要动机，在当前环境规制实施背景下，考虑污染治理成本、风险损失额、间接技术费用及土地成本，增加了其养殖成本，导致年净利润降低。

第二，生猪养殖户面临的主要风险是疫病风险和市场价格风险，其给养殖户造成巨大损失，其厌恶风险，为风险规避者，主要采用事前措施与保守行为来避险。养殖户饲养的主要生猪品种为洋三元，以全价料饲养为主，养殖技术以自己摸索为主，掌握最多的养殖技术或技能是给猪注射疫苗，所掌握的技术或技能对生猪养殖帮助较大，养殖技术或技能是生猪养殖户养殖中的重要生产要素。

第三，养殖户处理生猪养殖废弃物还不规范，主要采用还田和制沼气处理方式；养殖户承担较高的生猪污染治理费用，获得较少的污染治理补贴，导致其治理污染的积极性受挫；养殖户处理病死生猪方式较规范，期望出台提高病死猪无害化处理政策补贴，引进专业机构处理废弃物供需脱节问题，增加粪污设备补贴；养殖户采用种养结合模式，能较好地处理生猪养殖粪污，污染治理压力不大，但环保达标压力很大。

第4章　生猪养殖户适度养殖规模测度与评判

本章主要回答提出的问题"是否需要适度规模养殖、适度养殖规模区间为多少"。在前一章生猪养殖规模现状和借鉴已有研究成果基础上，以四川生猪养殖户为研究对象，利用生猪养殖投入产出问卷调查数据，首先采用生产函数考察研究区域内养殖户生猪养殖规模报酬情况，依此判断是否存在规模经济，是否需要适度规模养殖，其次分别从养殖利润、全要素生产率、污染治理成本内部化、土地消纳能力视角测度生猪养殖户适度养殖规模区间，即适度养殖规模，验证提出的研究假说。

4.1　养殖利润与污染治理成本视角下测算

4.1.1　生猪养殖户适度规模养殖研判

（1）估计模型选择。借鉴吴林海等（2015）的研究，选择 C-D 生产函数作为生猪养殖户生产模型，形式如式（4.1）所示，如下：

$$Y = A \cdot K^{\beta_1} \cdot L^{\beta_2} \cdot H^{\beta_3} \qquad (4.1)$$

其中 Y 为生猪规模产量，A 为生猪养殖综合技术水平，K、L、H 分别为生猪养殖年投入的资本、劳动力、土地。β_1、β_2、β_3 分别为资本、劳动力、土地要素的弹性。与式（4.1）对应的对数估计方程如下：

$$\log Y_i = \alpha + \beta_1 \cdot \log K_i + \beta_2 \cdot \log L_i + \beta_3 \log H_i + \varepsilon_i \qquad (4.2)$$

其中 Y_i、K_i、L_i、H_i 分别表示第 i 个生猪养殖户规模产量、投入的资本、劳动力、土地要素，ε_i 为误差项。

（2）数据来源。此部分所用数据来自四川省六县（区）生猪规模养殖户问卷调查。选取四川省名山区、东坡区、安岳县、乐至县、船山区、射洪县作为样本采集地区，所选择的县（区）均为国家生猪调出大县，其中安岳县、乐至县、射洪县生猪适度规模养殖发展较好，具有较好的代表性。问卷调查于2016 年 3—5 月陆续进行，问卷调查过程详见第 3 章中的"调查设计"部分，问卷样本分布详见第 3 章中的表 3-9。排除生猪年出栏量小于等于 30 头（散养户）样本后，获得有效问卷样本 651 个，参照《全国农产品成本收益资料汇编》中生猪养殖规模划分标准，其中小规模（30＜Q≤100）养殖户 184 个、中规模（100＜Q≤1 000）养殖户 414 个、大规模（Q＞1 000）养殖户 53 个，Q 为年养殖规模，其中安岳县 106 份、乐至县 151 份、射洪县 99 份、船山区 59 份、东坡区 135 份、名山区 101 份。

（3）变量选取。根据模型设定及问卷数据，选取变量及其统计见表 4-1。

表 4-1　变量定义及统计

变量	变量定义	均值	标准差	最小值	最大值
资本投入（K）	雇工费、仔猪购买费、医疗费、水电费、饲料等费用之和，万元	79.683	314.55	3.015	5 344
劳动投入（L）	劳动力数 按标准劳动日计，天	348.572	496.499	20	7 740
土地投入（H）	圈舍占地面积，平方米	764.969	1 543.785	3	20 000
养殖规模产量（Y）	2015 年养殖规模×出售均重/头，斤*	128 482.303	514 613.1	3 200	11 000 000

资料来源：根据问卷调查数据整理所得。

（4）养殖户样本特征。表 4-2 显示，小规模生猪养殖户养殖主要依靠自家劳动力，养殖圈舍平均面积为 237.853 平方米，家庭总收入中的 30%～50%来自生猪养殖；中规模养殖户家庭总收入中的比重更高，约占 51%～71%，除靠自家劳动力外，平均雇佣 1 人，圈舍面积比小规模养殖户大，平均为 588.502 平方米，生猪养殖收入成为家庭主要收入之一，比重约为 51%～70%；大规模养殖户所占比重较低，随着规模的扩大，雇用劳动力成为劳动力投入的主要来源，圈舍面积非常大，平均为 3 973.396 平方米，生猪养殖收入成为家庭收入和资本积累的重要来源，占 70%以上。

养殖户对污染物处理方式的选择也是影响生猪养殖环境污染日益加重的因素之一。调查显示，不同规模养殖户选择处理生猪粪尿的方式也不同，小规模主要采用还田方式，中、大规模主要选择制沼气方式。各不同规模养殖户主要采用制沼气方式处理猪舍废水，主要采用深埋方式处理病死猪，乱扔、乱抛或者出售病死猪的比例很低，仅有中规模出现此现象，占比为 1.766%，以上结

---

　*　斤为非法定计量单位，1 斤＝500 克。——编者注

果验证了虞祎等（2012）的研究结论，即养殖规模大，选择环保方式处理污染物的概率高。

表 4 - 2　生猪规模养殖投入

类别	养殖规模（头）	样本数	平均家庭投入的劳动力（人）	平均雇用工人（人）	养殖圈舍面积（平方米）	养猪收入占比（%）
小规模	31～100	184	2	0	237.853	30～50
中规模	101～1 000	414	2	1	588.502	51～70
大规模	>1 000	53	4	5	3 973.396	>70

资料来源：根据问卷调查数据整理所得。

（5）结果分析与研判。消除异方差后，由模型的修正 R^2 和 F 值可知模型整体拟合程度较好。在不考虑其他因素时，资本投入影响最大，养殖技术水平和土地投入次之，而劳动力要素不显著，此结果与吴林海等（2015）的研究结论一致。由 $\beta_1 + \beta_2 + \beta_3 = 0.971$，可知四川生猪养殖存在规模报酬递减特征，处于规模不经济阶段，此结果与沈银书和吴敬学（2011）的研究结论一致，即未来我国生猪需适度规模养殖（表 4 - 3）。

表 4 - 3　模型回归结果

参数	系数	标准差	T 统计值	显著性水平
α	0.281	0.095	7.024	0.000
β_1	0.876	0.018	48.614	0.000
β_2	0.004	0.019	0.206	0.837
β_3	0.091	0.018	5.084	0.000
R^2	0.920	修正的 R^2		0.920
F 值	2 477.745	$D\text{-}W$ 值		1.531

4.1.2　养殖利润与污染治理成本视角下适度规模测算

生猪养殖户作为理性"经济人"，其生猪养殖目标是最大限度地追求经济利润，其目标函数设定如式（4.3）所示，如下：

$$\max\pi\ (P-C)\ \cdot A \cdot K^{\beta_1} \cdot L^{\beta_2} \cdot H^{\beta_3} - r \cdot K - \omega \cdot L - t \cdot H \tag{4.3}$$

其中 π 为生猪养殖年利润，P 为生猪销售价格，是所调查名山区、东坡区、船山区、乐至县、安岳县、射洪县生猪养殖户 2015 年全年生猪出售均价；

C 为单位生猪（斤）年环境污染治理成本，若生猪养殖户不承担环境污染治理成本，$C=0$，若承担污染治理成本，借鉴武深树等（2009）、吴林海等（2015）研究，$C=0.54$ 元；r、ω、t 分别为资本、劳动力、土地要素的价格，其中 r 采用 2015 年四川省商业银行存款利率加 1 表示，为 1.033，ω 为 2015年四川省劳动力平均价格，为 26.92 元/天，t 通过问卷调查获取，为 1.062 4，其他变量与上文解释相同。由于所用生猪养殖户样本来自四川省六县（区），全年内各县（区）生猪养殖户养殖技术水平大致相当，且短时间内变化不大，因此暂不考虑养殖技术水平对生猪养殖规模的影响，主要考虑各投入要素对其影响。由表 4-3 可知资本要素对生猪养殖户养殖规模影响最大，因此选用资本要素的投入量来探讨四川生猪适度养殖规模。

（1）养殖利润视角。当 $C=0$ 时，即不承担环境污染治理成本，以获得生猪养殖利润最大化为主要目标，生猪养殖利润最大化的一阶必要条件是：

$$\begin{cases} \partial\pi/\partial K = P \cdot \beta_1 \cdot Y/K - r = 0 \\ \partial\pi/\partial L = P \cdot \beta_2 \cdot Y/L - \omega = 0 \\ \partial\pi/\partial L = P \cdot \beta_3 \cdot Y/H - t = 0 \end{cases} \qquad (4.4)$$

由公式（4.4）得到 K，见式（4.5）：

$$K = \left[\frac{(P-C) \cdot A \cdot \beta_1^{1-\beta_2-\beta_3} \cdot \beta_2^{\beta_2} \cdot \beta_3^{\beta_3}}{\omega^{\beta_2} \cdot r^{1-\beta_2-\beta_3} \cdot t^{\beta_3}} \right]^{\frac{1}{1-\beta_1-\beta_2-\beta_3}} \qquad (4.5)$$

将数值代入公式（4.5），$K=99.201$ 万元，即在不承担生猪养殖环境污染治理成本情况下，按照 2015 年四川省各投入要素价格计算，生猪养殖户年资本投入最佳为 99.201 万元。结合实地调查，年平均投入资本为 99.201 万元时，生猪养殖户养殖规模区间为 650~800 头，为中规模。按农业分区来分，丘陵区（射洪县、船山区、安岳县、乐至县），生猪养殖户适度养殖规模区间为 500~653 头，平原区（东坡区、名山区）适度养殖规模区间为 600~700 头。

（2）污染治理成本视角。当 $C=0.54$ 时，即承担环境污染治理成本，由生猪养殖利润最大化的一阶必要条件得到 K，见式（4.6）：

$$K = \left[\frac{(P-0.54) \cdot A \cdot \beta_1^{1-\beta_2-\beta_3} \cdot \beta_2^{\beta_2} \cdot \beta_3^{\beta_3}}{\omega^{\beta_2} \cdot r^{1-\beta_2-\beta_3} \cdot t^{\beta_3}} \right]^{\frac{1}{1-\beta_1-\beta_2-\beta_3}} \qquad (4.6)$$

将数值代入公式（4.6），$K=9.197$ 万元，即在承担生猪养殖环境污染治理成本情况下，按照 2015 年四川省各投入要素价格计算，生猪养殖户年平均投入资本最佳为 9.197 万元，最优养殖规模为 60 头。结合实地调查，年平均资本投入为 9.197 万元时，生猪养殖户养殖规模区间为 55～75 头，为小规模。按农业分区来分，丘陵区（射洪县、船山区、安岳县、乐至县）生猪养殖户适度养殖规模区间为 36～75 头，平原区（东坡区、名山区）适度养殖规模区间为 40～60 头。

4.2 全要素生产率视角下测算

4.2.1 研究方法与模型构建

生猪养殖户养殖规模是动态的，不同时期、区域、技术和管理水平等条件下，适度养殖规模是有差异的，所以需在一定假设前提条件下探讨四川生猪养殖户适度养殖规模。基于农业经济学理论、发展经济学理论及生猪养殖特点，首先，提出假设条件：养殖户 2014 年生猪养殖规模由年养殖总头数（含出栏、自食、死亡头数）来衡量；养殖户 2014 年生猪养殖规模与饲养技术（技术进步）、资本、劳动力及生猪市场价格波动有关，其中由于养殖户生猪调查数据仅为 2014 年一年数据，不便于测算技术进步，暂假定 2014 年一年内生猪饲养技术进步变化不大，生猪养殖规模主要与资本和劳动力投入数量有关，生猪市场价格为实际市场价格，即农户 2014 年生猪出栏时的销售价格。其次，选用 C-D 生产函数，对变量取对数后，利用生猪养殖户调查数据，分别估算资本（K）、劳动力（L）产出弹性 α、β，并对弹性正规化处理，得出 α^*（$\alpha/\alpha+\beta$）、β^*（$\beta/\alpha+\beta$），按公式 $Y_i/(L_i{}^{\alpha*} K_i{}^{\beta*})$ 计算出养殖户生猪养殖全要素生产率（TFP_i），构建 TFP_i 与养殖规模（S_i）模型 $TFP_i = C_1 + C_2 \ln S_i + \varepsilon_i$，通过系数 C_2 值大小和显著性，判定 TFP_i 与 $\ln S_i$ 关系。为准确测算适度养殖规模，构建模型 $TFP_i = C_1 + C_2 \ln S_i + C_3 (\ln S_i)^2 + \varepsilon_i$，通过系数 C_3 值大小和显著性，判定 TFP_i 与 $\ln S_i$ 关系，进一步求导，求得 TFP_i 的一阶导数为 0 时养殖规模，即全要素生产率最高处的养殖规模。

4.2.2 数据来源及变量选取

4.2.2.1 数据来源

数据来自实地问卷调查数据，2014 年四川省科技厅科技支撑计划项目"生猪现代产业链关键技术研究集成与产业化示范"课题组，采用分层抽样方法对四川省遂宁市射洪县、船山区、安居区所属的 14 个乡镇生猪养殖户问卷调查，其中沱牌镇和太乙镇养殖户为国家畜禽固定观测点农户，剔除 7

份无效问卷，最终获得 373 份有效问卷，其中射洪县 168 份、安居区 112 份、船山区 93 份、散养户 93 份、小规模户 37 份、中规模户 194 份、大规模户 49 份。

4.2.2.2 变量选取及描述

根据研究假设，变量选取四个，分别为生猪养殖户销售收入、劳动力投入数量、资本投入和养殖规模（表 4-4），其中销售收入为养殖户 2014 年生猪年销售收入，劳动力投入为 2014 年养殖人员投入数量，资本投入为 2014 年仔猪购买成本、饲料成本、水电费及其他成本，养殖规模为 2014 年养殖总头数（含出栏、自食、死亡头数）。

由表 4-4 可知，2014 年四川生猪养殖户的年销售收入、资本投入和养殖规模的差异都较大，劳动力投入的差异较小。其中，年销售收入最高为 345.60 万元，最低为 0.13 万元，标准差为 60.54；资本投入最高为 231.15 万元，最低为 0.11 万元，标准差为 46.67；养殖规模最大为 1 400 头，最小为 1 头，标准差为 245.68；劳动力投入最多为 16 人，最少为 1 人，标准差为 2.24。

表 4-4 变量统计表

变量	最大值	最小值	平均值	中位数	标准差
销售收入（万元）	345.60	0.13	43.37	19.25	60.54
资本（万元）	231.15	0.11	41.92	23.46	46.67
劳动力（人）	16	1	2.65	2	2.24
饲养规模（头）	1 400	1	219	120	245.68

资料来源：根据问卷调查数据整理所得。

4.2.3 生猪适度饲养规模测度

由表 4-5 中的 F 值、D-W 值、修正的拟合优度值可知：模型总体拟合效果较好，变量 $\ln K_i$、$\ln L_i$ 的回归系数分别为 0.835、0.237，均在 1% 水平上通过 t 检验，表明资本和劳动力投入对养殖收入正向显著影响，但在其他投入条件不变的情况下，资本对生猪养殖户养殖收入的影响较大，表明资本是生猪养殖中重要的稀缺要素。对 $\ln K_i$、$\ln L_i$ 的产出弹性系数进行正规化处理后分别为 0.779、0.221，根据公式 $Y_i/(L_i^{\alpha*} K_i^{\beta*})$ 求得各养殖户的全要素生产率 TFP_i。

表 4 - 5　C-D 生产函数模型估计结果

变量	系数	估计值	t 统计量
截距	lnC	0.238***	2.879
$\ln L_i$	α	0.237***	2.736
$\ln K_i$	β	0.835***	31.034

弹性和	1.072	α^*	0.221	β^*	0.779
Adjusted-R^2	0.807	D-W	1.802	F-statistic	775.028***

注：*、**、***分别表示在 10%、5%、1%水平下显著。

由表 4 - 6 可知：$\ln S_i$ 的回归系数为 -1.213，在 10% 水平条件下通过 t 检验，表明对全要素生产率 TFP_i 影响较显著，但与全要素生产率 TFP_i 呈负向关系，即 $TFP_i = 10.747 - 1.213\ln S_i$，表明养殖户扩大生猪养殖规模，生产效率不一定随之提高，印证了许海平对海南植胶国有农场天然橡胶的全要素生产率和技术效率与橡胶生产规模之间关系的研究结论，即农场规模并不是越大越好，也不是越小越好，而是适度生产规模（许海平，2012），生猪养殖亦如此。

表 4 - 6　全要素生产率与养殖规模模型估计结果

变量	系数	估计值	t 统计量
截距	C_1	10.747***	2.935
$\ln S_i$	C_2	-1.213*	-1.685

Adjusted-R^2	0.005	D-W	1.849	F-statistic	2.840*

注：*、**、***分别表示在 10%、5%、1%水平下显著。

为进一步探讨生猪适度养殖规模，构建模型 $TFP_i = C_1 + C_2\ln S_i + C_3 (\ln S_i)^2 + \varepsilon_i$，利用调查数据对模型进行估计，结果见表 4 - 7。由表 4 - 7 可知，变量 $(\ln S_i)^2$ 的回归系数为 -1.306，在 1% 显著水平上，变量通过了 t 值检验，表明 TFP_i 与 $(\ln S_i)^2$ 的曲线形式为"倒 U 形"，即 $TFP_i = -30.188 + 12.48\ln S_i - 1.306 (\ln S_i)^2$，令 TFP_i 的一阶导数为 0，对 $\ln S_i$ 求导数，求出 TFP_i 最大值时的 S 值为 118，即养殖户生猪适度养殖规模约为 118 头/年，属中规模，也印证了闫振宇和徐家鹏（2012）对我国不同地区生猪养殖适度规模选择研究中所得出的中规模是四川生猪养殖规模中的最优规模结论。

表 4 - 7　全要素生产率与养殖规模模型估计结果

变量	系数	估计值	t 统计量
截距	C_1	-30.188^{***}	4.901
lnS	C_2	12.480^{***}	-4.182
$(lnS)^2$	C_3	-1.306^{***}	3.886
Adjusted-R^2	0.047　　D-W	1.891 8　　F-statistic	9.025^{***}

注：*、**、***分别表示在 10%、5%、1% 水平下显著。

4.3　土地消纳粪尿能力视角下测算

4.3.1　适度养殖规模测算

4.3.1.1　数据来源、生猪粪尿及其成分含量计算

（1）数据来源。此部分所用数据来自四川 6 县（区）种养结合型生猪养殖户问卷调查，其中名山区属"茶沼猪"种养结合型，东坡区和安岳县属"果（柑橘、柠檬、葡萄等经济水果）沼猪"种养结合型，乐至县、船山区、射洪县属于绿色种植沼猪种养结合型，问卷调查过程详见第 3 章中的"调查设计"部分，问卷样本分布详见第 3 章中的表 3 - 9。709 份有效问卷中，571 家拥有土地，采用种养结合饲养方式，参照《全国农产品成本收益资料汇编》中生猪养殖规模划分标准，其中散养户（$Q \leqslant 30$）49 家、小规模（$30 < Q \leqslant 100$）养殖户 148 家、中规模（$100 < Q \leqslant 1\ 000$）养殖户 335 家、大规模（$Q > 1\ 000$）养殖户 39 家，Q 为年养殖规模，其中安岳县 115 份、乐至县 149 份、射洪县 67 份、船山区 30 份、东坡区 120 份、名山区 90 份。

（2）生猪粪尿产生量、氮磷及 COD 含量计算。计算公式如式（4.7）所示：

$$Q = N \times T \times P \tag{4.7}$$

式（4.7）中，Q 为粪尿、总氮（磷）、COD 产生量，单位为 t；N 为年饲养量，单位为头；T 为实际饲养周期，单位为天；P 为产排污系数，单位为千克/天或克/天，依据《畜禽养殖业产污系数与排污系数手册》中的西南区畜禽产排污系数为基础确定了生猪产排污系数，为 1/3 保育期产排污系数 + 2/3 育肥期产排污系数，粪尿、总氮（磷）、COD 系数分别为 3.57 千克/天、16.85克/天、3.88 克/天、317.33 克/天。由表 4 - 8、表 4 - 9 可知，2015 年生猪养

殖户年均产生粪尿 317.278 吨、总氮 1.498 吨、总磷 0.345 吨、COD 28.202 吨，各生猪养殖户养殖产生的粪尿、总氮磷及 COD 差异较大，其中粪尿差异最大。不同饲养规模的养殖户年均产生的粪尿、总氮磷及 COD 量差异显著，其中散养户、中规模产生的粪尿、总氮磷及 COD 量较少，小规模产生的较多，大规模产生的最多，表明生猪养殖产生的粪尿、总氮磷及 COD 量并不随饲养规模同向增长。

表 4-8　生猪粪尿、总氮（磷）、COD 产生分量

单位：吨

类型	最小值	最大值	均值	中位数	众数	标准差
粪尿	0.857	32 130	317.278	107.1	128.52	1 592.965
总氮	0.004	151.650	1.498	0.506	0.607	7.519
总磷	0.001	34.920	0.345	0.116	0.140	1.731
COD	0.076	2 855.970	28.202	9.520	11.424	141.595

资料来源：根据问卷调查数据整理计算所得。

表 4-9　不同饲养规模生猪产生粪尿、总氮磷、COD 均值

单位：吨

饲养规模	粪尿	总氮	总磷	COD
散养	312.058	1.473	0.339	27.738
小规模	313.285	1.479	0.340	27.847
中规模	312.071 3	1.473	0.339	27.739
大规模	317.915	1.501	0.346	28.259

资料来源：根据问卷调查数据整理计算所得。

4.3.1.2　单位面积耕地粪尿、氮磷负荷、预警值及分级

单位面积耕地粪尿负荷计算公式如式（4.8）所示：

$$I_R = aQ/S \tag{4.8}$$

式（4.8）中，I_R 为土地生猪粪便、氮磷实际承载负荷，单位为吨/公顷·年；a 为不同生猪污染处理方式（例如直接还田、丢弃、沼气、有机肥）污染排放量的削减，单位为％，参照潘丹（2015）的研究，直接还田处理方式削减率为 20％，丢弃处理为 0％，沼气处理为 45％，有机肥处理为 35％，出售为 100％；Q 为生猪粪尿、氮磷产生量，单位为吨；S 为有效土地面积，单位为公顷，由于耕地包括茶园地、水果、蔬菜、水田粮食等种植地，借鉴武深

树（2009）的研究，S等于有效土地面积乘以1.25。表4-10、表4-11显示，2015年生猪养殖户单位面积耕地粪尿、氮磷负荷均值分别为301.593吨/公顷、1.780吨/公顷、0.410吨/公顷，各生猪养殖户粪尿、氮磷负荷差异较大，其中粪尿负荷差异最大。各生猪养殖户单位面积耕地粪尿、总氮磷负荷均值与饲养规模同向变化。

表4-10 单位面积耕地粪尿、氮磷负荷

单位：吨/公顷

类型	最小值	最大值	均值	中位数	众数	标准差
粪尿	0.823	34 546.16	301.593	130.234	246.758	1 553.111
总氮	0.005	203.818	1.780	0.768	1.456	9.163
总磷	0.001	46.932	0.410	0.177	0.335	2.110

资料来源：根据问卷调查数据整理计算所得。

表4-11 不同饲养规模粪尿、总氮磷负荷均值

单位：吨/公顷、千克/公顷

饲养规模	粪尿	总氮	总磷
散养	28.417	0.168	0.039
小规模	102.662	0.606	0.140
中规模	260.549	1.537	0.354
大规模	1 752.282	10.338	2.381

资料来源：根据问卷调查数据整理计算所得。

生猪粪便、氮磷承载预警值指土地生猪粪便、氮磷实际承载量与其理论承载量的比值，代表土地所承受的生猪粪便、氮磷是否超载以及是否带来环境污染，其计算公式如下：

$$A = I_R / I_M \qquad (4.9)$$

式（4.9）中，A为土地生猪粪便、氮磷承载预警值；I_R为单位面积耕地粪便、氮磷负荷，单位为吨/公顷·年；I_M为单位土地面积猪粪便、氮磷理论承载量，单位为吨/公顷·年，其中我国土地面积猪粪便理论承载量，依据已有研究成果可知，其取值为30~45吨/公顷·年，欧洲标准为35吨/公顷·年，由于本书研究的土地不仅仅指耕地，还包括茶园地、水果、蔬菜、水田粮食种植地，借鉴武深树（2009）的研究成果，本书取41吨/公顷·年。氮磷理论承载量一般取欧洲标准，分别为170吨/公顷·年、35吨/公顷·年，由于我国与欧洲的耕作制度和种植方式差异较大，土地复种指数较高，农作物从土壤中吸收氮磷总量较大，参照武兰芳和欧阳竹（2009）、潘瑜春等（2015）的研究，氮磷理论承载量分别取 200 吨/公顷·年、40 吨/公顷·年。依据张玉珍等（2009）、陈瑶和王树进（2014）、潘丹（2016）的研究，预警值 A 的分级如表 4-12 所示。

表 4-12　生猪污染物负荷警报值分级

预警值区间	<0.4	0.4~0.7	0.7~1.0	1.0~1.5	1.5~2.5	>2.5
所属分级级数	I	II	III	IV	V	VI
对环境的威胁性	无	稍有	有	较严重	严重	很严重

注：分级标准来自上海市农业科学院研究院《家畜粪便土地负荷分级标准研究》。

表 4-13 显示，生猪养殖户单位面积耕地粪尿负荷在最大理论承载量范围内的均值为 23.554 吨/公顷，对应的平均饲养规模为 138 头；单位面积耕地氮负荷在最大理论承载量范围内的均值为 0.113 吨/公顷，对应的平均饲养规模为 131 头；单位面积耕地磷负荷在最大理论承载量范围内的均值为 0.023 吨/公顷，对应的平均饲养规模为 115 头。

表 4-13　生猪粪尿、总氮磷负荷

单位：吨/公顷，%，头

类型	预警值区间	环境威胁性	频数	占比	警报均值	平均规模
粪便	≤41	无	103	18.039	23.554	138
	>41	有	468	81.961	362.785	611
总氮	≤200	无	77	13.485	0.113	131
	>200	有	494	86.515	2.039	587
总磷	≤40	无	66	11.559	0.023	115
	>40	有	505	88.441	0.460	579

资料来源：根据问卷调查数据整理计算所得。

表 4-14、表 4-15 显示，生猪养殖户粪尿、总氮磷负荷警报值均值分别为 7.356、8.898、10.244，均属于 VI 级，均超出养殖户土地消纳量，对环境构成严重威胁。生猪养殖户不同饲养规模生猪粪尿、总氮磷负荷警报值随饲养规模扩大而增加，均值较大，所属级数较高，对环境构成的威胁程度也随之增加。

表 4-14 生猪粪便、总氮磷负荷警报值

类型	最小值	最大值	均值	中位数	众数	标准差
粪尿	0.020 1	842.589	7.356	3.176	6.018	37.881
总氮	0.024	1 019.087	8.898	3.842	7.279	45.816
总磷	0.028	1 173.311	10.244	4.423	8.388	52.749

资料来源：根据问卷调查数据整理计算所得。

表 4-15 不同饲养规模生猪粪尿、总氮磷负荷警报值均值

饲养规模	粪便均值	所属级数	总氮均值	所属级数	总磷均值	所属级数
散养	0.693	Ⅱ	0.838	Ⅲ	0.965	Ⅲ
小规模	2.504	Ⅵ	3.032	Ⅵ	3.491	Ⅵ
中规模	6.355	Ⅵ	7.686	Ⅵ	8.849	Ⅵ
大规模	42.739	Ⅵ	51.691	Ⅵ	59.514	Ⅵ

资料来源：根据问卷调查数据整理计算所得。

由不同预警值区间生猪粪尿、氮磷负荷量警报值可知，对环境无威胁性的粪尿、氮磷负荷量警报值均值分别为 0.245、0.249、0.244，对应的平均饲养规模分别为 69 头、54 头、47 头，详见表 4-16、表 4-17、表 4-18。

表 4-16 不同预警值区间生猪粪尿负荷量警报值

单位：%，头

预警值区间	环境威胁性	频数	占比	预警值均值	平均规模
<0.4	无	30	5.254	0.245	69
0.4~0.7	稍有	33	5.779	0.547	152
0.7~1.0	有	40	7.005	0.845	179
1.0~1.5	较严重	45	7.881	1.215	593
1.5~2.5	严重	79	13.835	1.914	173
>2.5	很严重	344	60.245	11.440	714

资料来源：根据问卷调查数据整理计算所得。

表 4-17   不同预警值区间总氮负荷警报值

单位：%，头

预警值区间	环境威胁性	频数	占比	预警值均值	平均规模
<0.4	无	22	3.853	0.249	54
0.4~0.7	稍有	28	4.904	0.542	170
0.7~1.0	有	27	4.729	0.846	152
1.0~1.5	较严重	51	8.932	1.210	371
1.5~2.5	严重	72	12.609	1.985	300
>2.5	很严重	371	64.974	13.025	673

资料来源：根据问卷调查数据整理计算所得。

表 4-18   不同预警值区间总磷负荷量警报值

单位：%，头

预警值区间	环境威胁性	频数	占比	预警值均值	平均规模
<0.4	无	17	2.977	0.244	47
0.4~0.7	稍有	28	4.904	0.567	176
0.7~1.0	有	21	3.678	0.870	88
1.0~1.5	较严重	43	7.531	1.225	310
1.5~2.5	严重	72	12.609	1.992	354
>2.5	很严重	390	68.301	14.398	650

资料来源：根据问卷调查数据整理计算所得。

4.3.1.3   生猪养殖污染风险测度

以土地氮磷承载力计算生猪养殖环境容量，公式如下：

$$T_{N/P} = S \times C_{N/P} \qquad (4.10)$$

$$PN = T_{N/P}/r \qquad (4.11)$$

$$RN = TN(P)/r \qquad (4.12)$$

式（4.10）、式（4.11）、式（4.12）中，$T_{N/P}$ 为耕地总氮（磷）环境容量，单位为千克；S 为耕地总面积，单位为公顷；$C_{N/P}$ 为粪肥年施氮（磷）限量标准，C_N 为 200 千克/公顷，C_P 为 40 千克/公顷；PN 为生猪养殖环境容量，单位为头；r 为单位猪年粪便总氮（磷）排放量，单位为千克，等于日粪便氮（磷）排放量 x 饲养周期，日排放量分别为 16.85 克/天、3.88 克/天，借鉴耿维等（2013）、孙良媛（2016）的研究，饲养周期取 199 天；RN 为生猪养殖实际数量，单位为头；$TN(P)$ 为生猪粪便年总氮（磷）排放量，单位为千克。由于我国生猪养殖与种植业总体分离,化肥在大部分地区农田中占主导地位。因此,在评估耕地对生猪粪便的氮磷环境容量时应考虑化肥施用的影响,依据朱建春等(2014)、潘瑜春等(2015)、潘丹(2016)研究,假定氮磷养分50%来自生猪粪便的施用,估算生猪养殖环境容量。以实际生猪养殖总量与50%环境容量比值作为风险指数,对氮磷污染风险进行评估,风险指数分类标准见表4-19。表4-20至表4-22显示,生猪养殖户养殖污染风险指数(以氮磷计)均值分别为17.795、20.489,表明生猪养殖氮磷污染风险较大,对环境造成较严重污染;标准差分别为91.631、105.498,表明各生猪养殖户养殖氮磷污染风险差异较大;生猪养殖户氮磷污染风险指数随养殖规模的扩大而增大,各饲养规模的氮磷污染指数均较大,污染风险等级均较高。以氮磷计,污染风险等级属无污染级别的养殖户所占比例较低,对应的平均饲养规模为41头。

表4-19　生猪粪便污染风险指数分类标准

风险指数区间	<0.25	0.25~0.5	0.5~1.0	1.0~2.0	>2.0
风险分级级数	Ⅰ	Ⅱ	Ⅲ	Ⅳ	Ⅴ
污染风险等级	无污染	低污染	中污染	较高污染	高污染

注:分级标准参照朱建春等(2014)研究。

表4-20　生猪养殖污染风险指数(以氮磷计)

类型	最小值	最大值	均值	中位数	众数	标准差
以氮计	0.048 5	2 038.175	17.795	7.684	14.558	91.631
以磷计	0.056	2 346.623	20.489	8.846	16.762	105.498

资料来源:根据问卷调查数据整理计算所得。

表4-21　生猪不同饲养规模污染风险指数(以氮、磷计)

饲养规模	以氮计	以磷计	平均规模
散养	1.677	1.930	21
小规模	6.064	6.982	77
中规模	15.372	17.698	305
大规模	103.382	119.028	4 755

资料来源:根据问卷调查数据整理计算所得。

表 4-22　不同污染风险等级、占比及对应的平均规模（以氮磷计）

风险指数区间	污染风险等级	以氮计		以磷计	
		占比（%）	规模（头）	占比（%）	规模（头）
<0.25	无污染	0.525	41	0.525	41
0.25~0.5	低污染	1.051	61	0.876	68
0.5~1.0	中污染	4.028	71	3.327	82
1.0~2.0	较高污染	7.881	177	6.830	143
>2.0	高污染	86.515	587	88.441	579

资料来源：根据问卷调查数据整理计算所得。

4.3.1.4　生猪污染与养殖规模关系分析

关于规模养殖与畜禽污染问题，已有研究成果呈现三种观点，一是规模养殖会加剧畜禽污染（仇焕广等，2012）；二是规模养殖会减缓畜禽污染（周力，2011），促进畜禽养殖技术进步，从而有利于畜禽污染治理（Zheng C et al.，2014）；三是规模养殖和畜禽污染之间呈明显的倒 U 型曲线关系，如潘丹（2015）研究发现生猪大中小规模养殖与其污染量呈倒 U 型曲线关系。姚文捷（2015）研究表明生猪养殖污染集聚程度与生猪养殖产业集聚程度存在倒 U 形曲线关系，生猪养殖污染治理政策的实施，需将城镇化推进所引起的耕地资源的变化考虑在内。已有研究较少从实证角度探讨养殖规模与其污染间的定量关系，而在当前环境规制下，厘清两者之间的关系有助于从调控规模角度出台措施治理污染。为考察生猪养殖规模和污染之间的关系，借鉴潘丹（2015）的研究，建立多元线性回归分析计量模型，如下所示：

$$Y_i = C + \alpha S_i + \beta S_i^2 \qquad (4.13)$$

式（4.13）中，Y_i 为第 i 个生猪养殖户 2015 年生猪总氮磷和化学需氧量污染量（吨/年），S_i 为 2015 年生猪养殖规模；S_i^2 为生猪养殖规模的平方。各变量如表 4-23 所示。

表 4-23　变量释义

变　量	变量定义	均值	标准差
污染量（Y_i）	各生猪养殖户年污染量，连续变量，吨/年	30.045	150.978
养殖规模（S_i）	1=散养（<30 头）；2=小规模（30~100 头）；3=中规模（100~1 000 头）；大规模（>1 000 头）	2.637	0.735
养殖规模平方（S_i^2）	养殖规模的平方，连续变量	7.496	3.616

资料来源：根据问卷调查数据整理计算所得。

根据前文的数据说明及模型构建，采用 Eviews6.0 统计软件进行计量分析，得到养殖规模对生猪污染影响的计量模型估计结果见表 4-24，由模型 $Y_i = 230.44 - 258.788S_i + 64.324S_i^2$ 可知，养殖规模对生猪污染的影响系数为负数，养殖规模的平方系数为正，表明模型 $Y_i = 230.44 - 258.788S_i + 64.324S_i^2$ 为开口向上 U 形曲线，当 $Y_i = 0$ 时，S_i 等于 1.33 或 2.693，当 Y_i 值最小值时，S_i 等于 2.012。由以上可知，S_i 位于区间 [1.33，2.693] 时，Y_i 值较小，相应污染量较低，而生猪小规模养殖 $S_i = 2$ 位于区间 [1.33，2.693] 内，因此生猪小规模养殖（30～100 头）产生的污染较低，而其他规模养殖产生的污染较高，此结果与潘丹（2015）的研究结论相悖，可能的原因是种养结合程度的差异，即小规模养殖户有足够的配套土地种植果树、茶叶、蔬菜及粮食作物消纳生猪养殖产生的污染，种养结合实现循环经济，生猪养殖污染物环境友好型处理率较高，相对产生的污染较少（Bluemling B & Hu C S，2011），而规模养殖较高的养殖户由于经营方式较专业化，种养分离现象较为严重，缺乏足够的配套土地来消纳生猪养殖产生的污染，在环保资金缺乏的压力下，大量而集中的生猪养殖污染物未经过环保处理就直接排入环境中，污染较为严重（黄季焜和刘莹，2010；Gao C & Zhang T，2010）。

表 4-24　养殖规模对生猪污染影响的计量模型估计结果

变量	回归系数	标准差	t 值	显著性水平
常数	230.440	48.001	4.801	0.000
养殖规模	−258.788	40.299	−6.422	0.000
养殖规模的平方	64.324	8.191	7.853	0.000
样本数	571	D-W 值		1.982
F 值	51.969	P（F 值）		0.000
R^2	0.755	修正的 R^2		0.752

4.3.2　适度养殖规模综合评判

由生猪养殖户单位面积耕地粪尿、氮磷负荷最大理论承载量可知，四川生猪养殖户年适度养殖规模为≤115 头；由生猪粪尿、氮磷负荷量警报值可知，养殖户年适度养殖规模为≤47 头；由氮磷计污染风险等级可知，养殖户年适度养殖规模为≤41 头；由生猪污染与养殖规模关系可知，养殖户年适度养殖规模为 30～100 头。综合考虑生猪养殖户单位面积耕地粪尿、氮磷负荷最大理论承载量、生猪粪尿、氮磷负荷量警报值、氮磷计污染风险等级及生猪养殖规模与污染产生之间的关系，可知基于养殖户现有土地消纳能力视角下，四川生猪养殖户适度养殖规模为小规模，为 30～41 头（图 4-1）。

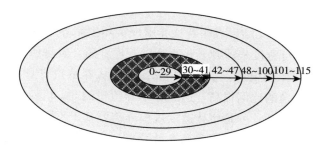

图 4-1　土地消纳视角下生猪适度养殖规模综合评判图

4.4　生猪适度养殖规模测算结果讨论

通过对四川生猪养殖户适度养殖规模进行测算，得出：从养殖经济利润最大化考虑时，年均资本最佳投入为 99.201 万元，适度养殖规模为 650～800 头，为中规模；从全要素生产率视角测算，养殖户生猪适度养殖规模约为 118 头/年，属中规模；当考虑承担环境污染治理成本时，年均资本最佳投入为 9.197 万元，适度养殖规模为 55～75 头，为小规模；从土地消纳视角测算，得出生猪养殖户适度养殖规模为 30～41 头，为小规模。

以上四种测算视角得出的适度养殖规模存在迥异，一方面表明若考虑生猪养殖污染治理成本，生猪养殖户规模养殖将不具有优势，与 Xinyu P & Yan-jun C（2011）的研究结论一致，即在当前国家实施严格环保规制背景下，污染治理成本对养殖户生猪规模养殖具有约束作用，将直接影响养殖户养殖规模的选择。为促进我国生猪持续规模养殖，未来需要完善、改进我国生猪补贴政策，需对养殖户养殖污染治理成本进行补贴；另一方面也表明四川生猪养殖户适度养殖规模与目前我国实施的生猪补贴规模（年出栏＞500 头）不一致，而通过本书从污染治理成本和土地消纳视角对四川生猪养殖户适度养殖规模进行测算，发现四川养殖户适度养殖规模为 30～75 头，为小规模，最优养殖规模为 60 头，因此不同省市要基于实际适度规模养殖，国家政策制定部门要对现行鼓励规模化的补贴政策进行调整，根据不同省市养殖规模实况，适当降低养殖规模给以补贴。

由生猪养殖户问卷调查数据可知，2015 年生猪养殖规模为 650～800 头的养殖户仅占样本养殖户的 3.81%，养殖规模为 55～75 头的占 5.22%，养殖规模为 30～41 头的占 4.80%，而认为生猪养殖规模达到适度养殖规模的养殖户占比却高达 80.25%，此结果表明若从养殖户实际生猪养殖规模与测算的养殖规模两者之间的匹配程度来评判其是否适度规模养殖，发现所调查的养殖户进行适度规模养殖的比例很低，仅为 10.02%，而从养殖户自身评判角度来看，其进行适度规模养殖的比例很高，达到样本养殖户的 80.25%，为什么会出现此结果？探究原因可知，一是生猪适度规模养殖要基于不同区域实际，因为不同地区、不同发展时期以及不同养殖主体之间随着经济发展水平、技术条件、社会化服务水平、经营主体素质变化，生猪适度养殖规模也在发生变化；二是现实中生猪养殖户不知道如何进行适度规模养殖，不知道如何进行适度规模养殖决策，需要基于不同经营主体、技术和管理水平、要素投入数量和成本、生猪市场价格波动、生猪产业所处阶段及生猪产业组织发育程度，从成本收益、生产效率、比较优势、污染治理能力、资源承载力、抗风险能力等多角度探讨养殖户适度规模养殖的成因及制约因素，指导其适度规模养殖决策，引导其探索生猪适度规模经营，理性安排生猪生产，提高生猪养殖收益水平。

4.5　本章小结

本章利用四川生猪养殖户问卷调查数据，基于研究假说，首选选用 C-D 生产函数考察生猪养殖户规模养殖报酬情况，其次通过构建目标函数、多元回归等方法，分别从养殖利润、全要素生产率、污染治理成本内部化、土地消纳能力视角测度生猪适度养殖规模，来验证提出的研究假说，回答本书提出的问题"是否需要适度规模养殖、适度规模养殖区间为多少"，得出以下结论：

第一，四川生猪需要适度规模养殖，原因是目前生猪养殖呈规模报酬递减，处于规模不经济阶段。四川生猪规模养殖投入要素中，各要素对其规模产量影响存在差异，其中资本投入影响最大，其次分别是养殖技术水平和土地投入，而劳动力投入不明显。

第二，从养殖利润视角测算，四川生猪养殖户适度养殖规模区间为 650～800 头，为中规模；按农业分区来分，丘陵区适度养殖规模区间为 500～653 头，平原区适度养殖规模区间为 600～700 头。

第三，从全要素生产率视角测算，发现四川生猪养殖户生猪养殖的全要素生产率与养殖规模曲线呈倒 U 形，有适度养殖规模点，通过估算得出适度养殖规模约为 118 头/年，属于中规模。

第四，从污染治理成本内部化视角测算，四川生猪养殖户适度养殖规模区间为 55～75 头，为小规模，按农业分区来分，丘陵区适度养殖规模区间为 36～75 头，平原区适度养殖规模区间为 40～60 头。

第五，综合考虑生猪养殖户单位面积耕地粪尿、氮磷负荷最大理论承载量，生猪粪尿、氮磷负荷量警报值，氮磷计污染风险等级及生猪养殖规模与污染产生量之间的关系，可知四川生猪养殖户适度养殖规模区间为 30～41 头，为小规模。

第六，多视角测算得出的适度养殖规模存在差异，表明若考虑生猪养殖户养殖污染治理成本和土地消纳能力，生猪规模养殖将不具有优势，污染治理成本已成为生猪养殖户规模养殖的限制因素，在引导养殖户"种养结合"养殖过程中，需基于不同区域实际，政策制定部门需对现行鼓励规模化的补贴政策进行调整，根据不同省市养殖规模实况，适当降低养殖规模（年出栏≤500 头）给以补贴。

第七，验证了研究假说 H_1：在当前环境规制背景下，生猪适度养殖规模区间将缩小。

第 5 章　生猪养殖户适度规模养殖决策影响因素分析

本章主要回答提出的问题"为什么部分养殖户适度规模养殖，部分没有适度规模养殖"。首先，在借鉴已有研究成果基础上，结合有限理性"经济人"、行为决策理论、规制经济学理论，对生猪养殖户适度规模养殖决策进行简要的理论分析，提出理论决策模型，详见第 2 章；其次，根据第 2 章提出的研究假说，选取影响因素变量，利用四川生猪养殖户问卷调查数据，选取 Logit 模型、Probit 模型、Logistic 模型验证非环境规制因素、环境规制因素、环境规制背景下各影响因素及其交互项对养殖户适度规模养殖决策的影响。

由问卷调查和适度养殖规模测算结果可知，生猪养殖规模达到适度规模的养殖户差异较大，产生差异的原因有哪些？探究原因可知养殖户作为有限理性"经济人"，以追求经济利润为主要目标，然而由于养殖户所具备的知识和能力有限，其生猪养殖行为也非完全理性，利润最大化目标也不可能实现，但毫无疑问追求经济利润是其生猪养殖的动力，而生猪养殖经济利润受到生猪市场价格、养殖规模大小、所获国家生猪扶持政策补贴、养殖户是否加入合作组织因素影响，也受养殖户自身风险态度、技术水平、污染治理压力多种因素综合作用影响。围绕以上问题对现有文献进行梳理，可知目前主要从产业链组织治理、政府规制（王海涛和王凯，2012）、非农就业收入（汤颖梅等，2013）、生猪扶持政策（刘超和尹金辉，2014）、劳动力非农化、周期洗牌（何郑涛，2016）、质量控制行为、技术进步（陈诗波等，2008）等方面，对生猪养殖户生产行为进行研究，没有从经济效益、风险态度、技术水平、污染治理压力等多方面研究养殖决策行为，可能导致研究结论不全面。目前关于饲养风险方面研究，没有从养殖主体风险态度、风险损失程度、生猪产业链中的各环节风险及自然灾害、政策变化、环境污染、生猪市场风险、疫病风险、技术风险等外在风险方面探讨对养殖行为的影响，导致不明确影响养殖行为的具体关键风险。鲜见探讨养殖技术水平差距及其相关具体技术水平对生猪养殖主体规模养殖的影响，不能明确何种养殖技术在养殖决策中起关键作用。而在国家实施严格环境规制和生猪养殖收益波动较大背景下，已有研究主要从宏观层面探讨环境规制对生猪生产布局的影响，鲜见从微观层面探讨污染治理压力对养殖户养殖决策的影响。

已有研究提供了较好的借鉴和参考，基于已有研究不足，本章以有限理性"经济人"、行为决策理论、规制经济学理论为支撑，首先利用四川生猪养殖户问卷调查数据，基于第 2 章中的研究假说选取相关变量，首先选取 Logit、Probit 方法分别实证分析非环境规制因素（经济效益、生猪政策、生猪价格及产业组织、风险态度和技术水平等）及其各因素变量综合作用对生猪养殖户适度规模养殖决策的影响，其次选用 Probit 方法实证分析环境规制因素（污染治理压力及其相关变量）对生猪养殖户适度规模养殖决策的影响，最后选用 Logistic 方法综合实证分析非环境规制因素与环境规制因素及其交互项对生猪养殖户适度规模养殖决策的影响，以弥补已有研究之不足。本章研究思路见图 5-1。

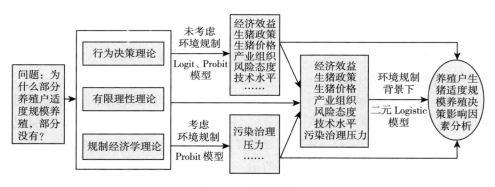

图 5-1　研究思路

5.1　模型选取

为考察经济效益、生猪政策、生猪价格、产业组织、风险态度、技术水平、污染治理压力各因素对生猪养殖户适度规模养殖决策的影响，借鉴孙世民等（2012）、汤颖梅等（2013）、廖翼和周发明（2013）、王雨林等（2015）的研究，分别选取 Logit 模型、Probit 模型及 Logistic 模型，如下所示：

（1）Logit 模型。生猪养殖户是否选择适度规模养殖为因变量 Y_i，其中 $Y_i = 1$ 表示第 i 个养殖户选择适度规模养殖，$Y_i = 0$ 表示第 i 个养殖户未选择适度规模养殖。针对这一类型的变量，采用二分类 Logit 模型较为合适，该模型不要求变量满足正态分布或等方差，假设误差项服从逻辑分布，采用的是 Logistic 函数，其如下：

$$\text{Logit}\left[P(Y \geqslant j \mid x)\right] = \ln \frac{P(Y \geqslant j \mid x)}{1 - P(Y \geqslant j \mid x)} = \alpha_j + \sum_{i=1}^{n} \beta_i x_i + \varepsilon$$
(5.1)

式（5.1）中，$P(Y \geqslant j \mid x)$ 为大于等于 j 的累积概率，Y_i 代表第 i 个生猪养殖户是否选择适度规模养殖的概率，X_i 代表第 i 个影响生猪养殖户是否选择适度规模养殖的因素，α_j（$j=1, 2, 3, \cdots, k$）为截距参数，β_i 为各影响因素的回归系数（$i=1, 2, 3, \cdots, n$），ε 为模型随机误差项。

（2）Probit 模型。具体 Probit 模型设定如下：

$$\text{Probit}(Y_i = 1/x_i) = (x_i, \beta) = \Phi(\beta_0 + \beta_1 \cdot x_1 + \beta_2 \cdot x_2 + \beta_3 \cdot x_3 + \cdots + \beta_n \cdot x_n)$$
(5.2)

式（5.2）中，Y_i 为被解释变量，表示生猪养殖户是否选择适度规模养殖的概率（是 = 1，否 = 0），x_i 即待估的因素变量（$i=1, 2, 3, \cdots, n$），$\Phi(z)$ 表示标准正态分布函数小于 z 的概率，β_0 为待估常数项，β_1，β_2，$\cdots$，β_n 为待估因素变量的系数。

（3）二元 Logistic 模型。生猪养殖户是否选择适度规模养殖，属于二元选择类型，即选择适度养殖规模，$Y_i = 1$，未选择适度规模养殖，$Y_i = 0$，因此选取二元 Logistic 模型综合分析环境规制背景下各因素及其交互项对其适度规模养殖决策的影响较合适，模型如下所示：

$$\text{Logit}(P) = \ln\left(\frac{P_i}{1 - P_i}\right) = \beta_0 + \beta_1 x_1 + \beta_2 x_2 + \cdots + \beta_n x_n \quad (5.3)$$

式（5.3）中，P_i 为是否选择适度规模养殖的概率，$\ln(P_i/1 - P_i)$ 为选择适度规模养殖的概率与未选择概率之比的对数，β_0 是常数项，X_i 为影响是否选择适度规模养殖的因素，β_i（$i=1, 2, 3, \cdots, n$）为影响因素的系数。

5.2　数据来源与变量选取

5.2.1　数据来源

数据来自对四川省 6 县（区）生猪养殖户的问卷调查，问卷调查过程详见第 3 章中的"调查设计"部分。2016 年 3—5 月共向安岳县、乐至县、射洪县、船山区、名山区、东坡区发放生猪养殖户调查问卷 720 份，收回有效问卷

709 份，其中安岳县 117 份、乐至县 185 份、射洪县 104 份、船山区 64 份、东坡区 138 份、名山区 101 份，问卷分布在 6 县（区）所属的 60 个乡镇 187 个村，详见第 3 章中的表 3-9、图 3-23，其中散养户（$Q \leqslant 30$）58 份、小规模养殖户（$30 < Q \leqslant 100$）184 份、中规模养殖户（$100 < Q \leqslant 1\ 000$）414 份、大规模养殖户（$Q > 1\ 000$）53 份，养殖规模划分依据为《全国农产品成本收益资料汇编》中生猪养殖规模划分标准，Q 为年养殖规模。

5.2.2　变量选取

基于研究需要和现实情况，借鉴李作稳等（2012）、孙世民等（2012）、吴林海和谢旭燕（2015）、钟颖琦等（2016）、彭代彦和文乐（2016）、王建华等（2016）、李文瑛和肖小勇（2017）等人的研究，选取自身因素（性别、年龄、文化程度）、养殖年限、生产要素（投入劳动力数、借贷款难易程度）、专业化程度（养猪收入占比）、生猪销售难易程度、距市场距离、交通条件变量作为本书研究的控制变量。根据第 2 章的理论分析与研究假说，选取因变量、核心变量、关键变量，各变量如表 5-1 至表 5-4 所示。

表 5-1　经济效益、生猪政策、生猪价格及产业组织变量表

类型	名　称	变量说明	均值	标准差
因变量	适度规模养殖（y）	适度规模养殖=1；未适度=0	0.803	0.398
控制变量	性别（c_1）	男=1；女=0	0.821	0.384
	年龄（c_2）	连续变量，单位为岁	46.78	8.02
	文化程度（c_3）	小学及以下=1；初中=2；高中（中专）=3；大专=4；本科及以上=5	1.959	0.715
	养殖年限（c_4）	连续变量，单位为年	12.041	8.356
	投入劳动力数（c_5）	连续变量，单位为人	2.643	2.731
	养猪收入占比（c_6）	30%及以下=1；31%～50%=2；51%～70%=3；71%以上=4	2.865	1.039
	借贷款难易程度（c_7）	没有贷过=1；很难借贷到=2；偶尔能借贷到=3；容易借贷=4	2.176	1.119
	生猪销售难易程度（c_8）	很难卖=1；一般都能卖出去=2；很容易卖出去=3	2.518	0.566
	距市场距离（c_9）	较近=1；较远=2；很远=3	1.986	0.799
	交通条件（c_{10}）	不方便=1；一般=2；便利=3	2.476	0.724

（续）

类型	名　称	变量说明	均值	标准差
核心变量	经济效益（x_1）	盈利＝1；亏损＝0	0.700	0.459
	政策补贴（x_2）	连续变量，单位万元	1.409	5.624
	当期生猪价格（x_3）	没影响＝1；较小＝2；一般＝3；较大＝4；非常大＝5	4.065	1.142
	预期生猪价格（x_4）	没影响＝1；较小＝2；一般＝3；较大＝4；非常大＝5	3.281	1.309
	是否加入合作组织（x_5）	参加＝1；未参加＝0	0.303	0.460
	是否订单生产或销售（x_6）	参加＝1；未参加＝0	0.137	0.344

资料来源：根据问卷调查数据整理计算所得。

表 5－2　风险态度及相关变量表

类型	名　称	释　义	均值	标准差
核心变量	风险态度（x_7）	厌恶＝1；中立＝2；偏好＝3	1.293	0.627
关键变量	风险认知（x_8）	不存在＝1；有一定风险＝2；有很大风险＝3	2.687	0.532
	风险造成损失额（x_9）	连续变量，单位万元	3.305	6.902
	生猪价格波动风险（x_{10}）	没影响＝1；较小＝2；一般＝3；较大＝4；非常大＝5	4.495	0.766
	仔猪价格波动风险（x_{11}）	没影响＝1；较小＝2；一般＝3；较大＝4；非常大＝5	3.687	1.216
	饲料、玉米等价格波动风险（x_{12}）	没影响＝1；较小＝2；一般＝3；较大＝4；非常大＝5	3.880	0.948
	生猪疫病风险（x_{13}）	没影响＝1；较小＝2；一般＝3；较大＝4；非常大＝5	4.300	0.971
	饲养技术风险（x_{14}）	没影响＝1；较小＝2；一般＝3；较大＝4；非常大＝5	3.165	1.221
	自然灾害风险（x_{15}）	没影响＝1；较小＝2；一般＝3；较大＝4；非常大＝5	2.532	1.429
	政策变化风险（x_{16}）	没影响＝1；较小＝2；一般＝3；较大＝4；非常大＝5	2.546	1.355
	环境污染风险（x_{17}）	没影响＝1；较小＝2；一般＝3；较大＝4；非常大＝5	2.621	1.315
	管理不善风险（x_{18}）	没影响＝1；较小＝2；一般＝3；较大＝4；非常大＝5	2.983	1.261

资料来源：根据问卷调查数据整理计算所得。

表 5-3　技术水平及相关变量表

类型	名　称	释　义	均值	标准差
核心变量	技术水平（x_{19}）	用掌握的技术或技能项数表示，连续变量	3.437	1.347
关键变量	是否优良品种（x_{20}）	是＝1；否＝0	0.667	0.472
	是否自配饲料（x_{21}）	是＝1；否＝0	0.220	0.415
	生猪死亡率（x_{22}）	连续型变量，单位为％	9.09	11.65
	疫病防控技术水平（注射疫苗）（x_{23}）	较低＝1；低＝2；一般＝3；高＝4；较高＝5	4.008	1.305
	疾病防治技术水平（合理用药）（x_{24}）	较低＝1；低＝2；一般＝3；高＝4；较高＝5	3.990	1.268
	饲料选用与配比技术水平（x_{25}）	较低＝1；低＝2；一般＝3；高＝4；较高＝5	3.536	1.266
	快速育肥技术水平（x_{26}）	较低＝1；低＝2；一般＝3；高＝4；较高＝5	3.031	1.408
	饲养管理技术水平（x_{27}）	较低＝1；低＝2；一般＝3；高＝4；较高＝5	3.333	1.372

资料来源：根据问卷调查数据整理计算所得。

表 5-4　污染治理压力及相关变量表

类型	名　称	释　义	均值	标准差
核心变量	污染治理压力（x_{28}）	无难度＝1；较小＝2；一般＝3；较大＝4；非常大＝5	2.389	1.356
关键变量	养殖污染认知（x_{29}）	污染较小＝1；污染一般＝2；污染较严重＝3	1.477	0.698
	环保部门检查（x_{30}）	从未检查＝1；偶尔检查＝2；经常检查＝3	2.372	0.664
	是否受过处罚（x_{31}）	受过＝1；未受过＝0	0.055	0.228
	是否影响邻里（x_{32}）	影响＝1；不影响＝0	0.154	0.361
	是否有环保制度（x_{33}）	有＝1；没有＝0	0.640	0.480
	是否监督排放（x_{34}）	是＝1；否＝0	0.690	0.463
	环保法规认知（x_{35}）	不知晓＝1；知晓部分＝2；很熟悉＝3	1.968	0.590
	是否获得治理补贴（x_{36}）	获得＝1；未获得＝0	0.102	0.302
	污染治理是否划算（x_{37}）	划算＝1；不划算＝0	0.450	0.498
	是否干湿分离（x_{38}）	是＝1；否＝0	0.415	0.493
	是否还田（x_{39}）	是＝1；否＝0	0.804	0.397
	是否制沼气（x_{40}）	是＝1；否＝0	0.843	0.364
	是否做有机肥（x_{41}）	是＝1；否＝0	0.066	0.249
	粪污是否出售（x_{42}）	是＝1；否＝0	0.029	0.170
	是否废弃（x_{43}）	是＝1；否＝0	0.252	0.435

资料来源：根据问卷调查数据整理计算所得。

5.3 结果及分析

5.3.1 未考虑环境规制因素分析

（1）经济效益、生猪政策、生猪价格及产业组织因素分析。首先，加入所有控制变量，得到模型1；其次，逐步加入经济效益、生猪政策、生猪价格、产业组织关键变量，分别得到模型2、模型3、模型4、模型5，结果详见表5-5，在10％的水平条件下，对模型结果进行如下讨论：

①文化程度（c_3）显著，且系数符号为正，表明文化程度高的养殖户养殖决策中选择适度规模养殖的概率较高，原因分别是养殖户文化程度高，便于其学习现代先进养殖技术，相应掌握的生猪养殖技术也多，较高的养殖技术水平能较好地支撑其动态调整生猪养殖规模。

②养殖年限（c_4）、投入劳动力人数（c_5）、养猪收入占比（c_6）、借贷难易程度（c_7）、交通条件（c_{10}）均通过检验，其中养殖年限（c_4）系数符号为负，表明此变量与适度规模养殖决策呈负相关，原因是养殖经验丰富的养殖户对养殖技术、市场价格、养殖成本、养殖风险等较熟悉，其往往根据自己多年的养殖经验调整养殖规模，很少接受新养殖模式，此结果与陈美球等（2008）研究结果一致，即年龄偏长者积淀的务农经验十分丰富，其更倾向于保守的生产行为。而投入劳动力人数（c_5）、养猪收入占比（c_6）、借贷难易程度（c_7）、交通条件（c_{10}）变量的系数符号为正，表明这四个变量与适度养殖规模决策呈正相关，原因分别是劳动力投入和资金充裕程度是决定生猪养殖规模的重要生产要素之一，拥有该要素禀赋大的养殖户养殖规模也大，专业养殖户由于在技术、资本、风险应对等方面优势明显，相应其养殖规模较中小养殖户大，交通便捷便于生猪养殖户运输，降低运输成本，也便于获得生猪养殖技术和市场信息及时调整养殖规模，相应选择适度规模养殖的概率也高，此结果与田文勇和余华（2016）的研究结论一致。

③经济效益（x_1）变量系数符号为正，表明经济效益与适度规模养殖决策呈正相关，原因是生猪养殖户是追求经济利润最大化的有限理性"经济人"，其进行生猪规模养殖行为的动力是获取最大限度的经济利润，相应获得的经济利润越多，经济效益越可观，其在调整生猪养殖规模决策中，选择适度规模养殖的概率也高。

④政策补贴（x_2）变量通过检验，且系数符号为正，说明所获政策补贴与

适度规模养殖决策呈正相关，原因是生猪补贴一定程度上可以帮助生猪养殖户解决养殖长期和短期资金短缺问题，此结果与余建斌（2013）的研究结论一致，即补贴政策显著推动了生猪供给的增长，与崔小年和乔娟（2012）研究得出的生猪补贴政策未能刺激散养户增加供给结果不一致，原因是当前我国生猪政策补贴主要面向规模养殖。

⑤当期生猪价格（x_3）变量通过检验，与适度规模养殖决策呈负相关，而预期价格变量（x_4）通过检验，与适度规模养殖决策呈正相关，表明养殖户基于生猪预期价格而非当期生猪价格做适度养殖规模决策，此结果与谭莹（2011）、郭亚军等（2012）、吕开宇等（2013）的研究结论不一致。原因有两方面，一是当期生猪价格与生猪生长周期存在时滞关系，即传统蛛网理论认为生猪市场价格波动对生猪养殖户养殖规模调整的影响具有滞后性，生猪养殖户基于当前价格做下一期生猪养殖规模决策，出现多次猪周期；二是随着2007年以来我国鼓励生猪规模养殖系列政策的实施，生猪规模养殖水平的提高，养殖户对猪周期、养殖风险等认知逐步加深，其养殖规模决策逐渐趋于理性，对生猪预期价格进行分析判断是其养殖决策的重要依据，而非以往当期生猪价格。

⑥是否加入合作组织（x_5）、是否订单生产或销售（x_6）变量系数符号为正，表明加入合作组织、参与订单生产或销售的养殖户选择适度规模养殖的概率较未参与的高，原因是养殖户加入合作组织、参与订单生产或销售，便于生猪生产、销售，降低市场风险，保障养殖收益，相应其养殖规模也较大，选择适度养殖规模的概率也高，此结论与孙世民等（2012）、张郁等（2015）的研究结论一致，即产业组织提供的激励能显著影响决策者的行为。

综合上述分析得出：①生猪养殖户适度规模养殖决策受经济效益、政策补贴、产业组织、生猪预期价格、投入劳动力数、养猪收入占比、借贷款难易程度、文化程度、生猪销售难易程度、交通条件、市场距离变量正向显著影响，受当期生猪价格、养殖年限变量负向显著影响；②验证了研究假说H_2、H_3、H_4，表明生猪养殖户以获取经济效益为主要目标，适度规模养殖决策基于生猪预期价格而非当期生猪价格；培育产业组织，完善政策补贴，提供较多组织和补贴激励，提高养殖户专业化养殖程度、自身文化程度及生产要素禀赋，优化生猪销售环境，降低生猪销售成本等均有利于养殖户选择适度规模养殖。

表 5 - 5   **Logit 模型回归结果**

变量名称	模型 1	模型 2	模型 3	模型 4	模型 5
常数	−2.576**	−1.493**	−1.537**	−2.068***	−2.025***
	(−2.314)	(−2.367)	(−2.414)	(−3.087)	(−3.010)
性别 (c_1)	0.345	0.065	0.180	0.168	0.153
	(1.425)	(0.541)	(0.837)	(0.774)	(0.698)
年龄 (c_2)	0.004	−0.001	−0.002	−0.001	−0.001
	(0.259)	(−0.023)	(−0.134)	(−0.109)	(−0.096)
文化程度 (c_3)	0.398**	0.129*	0.148	0.137	0.136
	(2.436)	(1.789)	(1.115)	(1.020)	(1.011)
养殖年限 (c_4)	−0.020*	−0.019***	−0.032***	−0.032***	−0.031***
	(−1.675)	(−3.177)	(−3.020)	(−3.350)	(−3.208)
投入劳动力数 (c_5)	0.145**	0.357***	0.623***	0.634***	0.613***
	(1.970)	(10.777)	(8.320)	(8.579)	(8.394)
养猪收入占比 (c_6)	0.300***	0.427***	0.745***	0.747***	0.727***
	(3.139)	(8.816)	(8.367)	(8.380)	(8.108)
借贷款难易程度 (c_7)	0.156*	0.220***	0.391***	0.392***	0.361***
	(1.727)	(5.054)	(4.962)	(5.044)	(4.591)
生猪销售难易程度 (c_8)	0.147	0.083	0.129	0.131	0.142
	(0.836)	(0.974)	(0.832)	(0.846)	(0.904)
市场距离 (c_9)	0.140	0.106	0.121	0.113	0.093
	(1.062)	(1.704)	(1.064)	(0.989)	(0.806)
交通条件 (c_{10})	0.370***	0.278***	0.495***	0.471***	0.447***
	(2.633)	(4.055)	(3.985)	(3.995)	(3.743)
经济效益 (x_1)	—	0.520***	0.793***	0.882***	0.972***
		(4.981)	(4.272)	(4.776)	(5.187)
政策补贴 (x_2)	—	—	0.248***	0.253***	0.218***
			(4.034)	(4.112)	(3.988)
当期生猪价格 (x_3)	—	—		−0.110	−0.147*
				(−1.297)	(−1.731)
预期生猪价格 (x_4)	—	—	—	0.118*	0.122*
				(1.658)	(1.705)
是否加入合作组织 (x_5)	—	—	—	—	0.524**
					(2.437)
是否订单生产或销售 (x_6)	—	—	—	—	0.758**
					(2.338)
麦克法登 R^2	0.174	0.177	0.175	0.199	0.201
对数似然值	−326.054	−324.905	−325.708	−317.271	−316.669
似然比统计量	52.003	52.417	52.695	69.569	70.773
P 值（似然比统计量）	0.000	0.000	0.000	0.000	0.000

注：（·）为 Z 值，*、**、*** 分别表示在 10%、5%、1% 显著水平下显著。

（2）风险态度及相关因素分析。首先，运用 Eviews6.0 软件，对所有控制变量样本数据进行 Probit 回归处理，得到模型 1；然后，分别加入风险态度核心变量、其他风险关键变量，得到模型 2、模型 3，结果详见表 5-6，在 10% 的水平条件下，对模型结果进行如下讨论：

①风险态度（x_7）变量系数符号为正，表明风险态度与适度规模养殖决策之间存在显著的正向关系，说明风险偏好者相对厌恶者选择适度规模养殖的概率高，原因是风险偏好者较厌恶者遭受养殖风险造成的损失额大，为规避生猪养殖中的风险损失，相应其选择适度规模养殖的概率也高，而风险规避者由于厌恶风险，通常采用保守生产行为。此研究结论印证了仇焕广等（2014）的研究结论，即农户风险态度差异是导致其行为差异的重要因素。

②生猪价格波动风险（x_{10}）变量系数符号为正，表明此变量与适度规模养殖决策之间存在显著的正向关系。表明生猪价格风险波动大，养殖户选择适度规模养殖的概率高，原因是该风险波动易给养殖户养殖收益造成较大损失，为减小风险造成的损失，养殖决策中养殖户选择适度规模养殖的概率相对较高，印证了易泽忠等（2012）的研究结论，即生猪市场风险显著影响了养殖主体决策的理性。

表 5-6　Probit 模型结果

变量名称	模型 1	模型 2	模型 3
常数	-1.477*** (-2.344)	-1.864*** (-2.774)	-2.587*** (-3.189)
性别（c_1）	0.199 (1.418)	0.223 (1.572)	0.269* (1.851)
年龄（c_2）	0.002 (0.248)	0.003 (0.311)	-0.002 (-0.221)
文化程度（c_3）	0.223* (2.453)	0.228** (2.494)	0.198** (2.112)
养殖年限（c_4）	-0.012 (-1.637)	-0.012* (-1.709)	-0.010 (-1.378)
投入劳动力数（c_5）	0.078** (2.009)	0.077** (1.981)	0.088* (1.877)
养猪收入占比（c_6）	0.171*** (3.141)	0.171*** (3.133)	0.168*** (2.992)
借贷款难易程度（c_7）	0.086* (1.687)	0.083 (1.622)	0.088* (1.648)

（续）

变量名称	模型 1	模型 2	模型 3
生猪销售难易程度（c_8）	0.101 (1.016)	0.092 (0.925)	0.102 (0.986)
距市场距离（c_9）	0.086 (1.148)	0.071 (0.938)	0.097 (1.245)
交通条件（c_{10}）	0.218*** (2.725)	0.192** (2.342)	0.202** (2.400)
风险态度（x_7）	—	0.175* (1.708)	−0.026 (−0.275)
风险认知（x_8）	—	—	0.104 (0.934)
风险造成损失额（x_9）	—	—	−0.002 (−0.198)
生猪价格波动风险（x_{10}）	—	—	0.201** (2.131)
仔猪价格波动风险（x_{11}）	—	—	−0.033 (−0.418)
饲料、玉米等价格波动风险（x_{12}）	—	—	−0.086 (−1.557)
生猪疫病风险（x_{13}）	—	—	0.006 (0.080)
饲养技术风险（x_{14}）	—	—	0.164** (2.534)
自然灾害风险（x_{15}）	—	—	0.021 (0.329)
政策变化风险（x_{16}）	—	—	0.064 (0.853)
环境污染风险（x_{17}）	—	—	0.027 (0.355)
管理不善风险（x_{18}）	—	—	−0.077 (−1.097)
麦克法登 R^2	0.174	0.178	0.207
对数似然值	−326.026	−324.581	−314.311
似然比统计量	52.059	54.950	75.490
P 值（似然比统计量）	0.000	0.000	0.000

注：（·）为 Z 值，*、**、***分别表示在10%、5%、1%显著水平下显著。

③饲养技术风险（x_{14}）变量系数符号为正，表明此变量与适度规模养殖决策之间存在显著的正向关系。表明饲养技术风险越大养殖户选择适度养殖规模的概率较高，原因是技术风险较隐蔽，一旦发生会造成不可挽回损失，当饲养技术风险较大时，养殖户为了降低风险损失，往往选择适度规模养殖。

综合上述分析得出：①风险态度对养殖户适度规模养殖决策的影响存在差异，其中对适度规模养殖决策有正向显著影响，侧面印证了养殖户厌恶风险，为风险规避者；②适度规模养殖决策还受生猪价格波动风险、饲养技术风险变量正向显著影响，验证了 H_5 中的部分研究假说，表明稳定生猪市场价格，推广安全优质养殖技术，降低养殖技术风险有利于养殖户选择适度规模养殖。

（3）技术水平及相关因素分析。首先，运用 Eviews6.0 软件，对所有控制变量的样本数据进行 Probit 回归处理，得到模型1；然后，分别加入技术水平差距核心变量、其他关键变量，得到模型2、模型3，结果详见表5-7，在10%的水平条件下，对模型结果进行如下讨论：

①技术水平差距（x_{19}）变量系数符号为正，表明饲养技术水平高的养殖户选择适度规模养殖的概率高，原因是技术水平较高的养殖户可以以低成本的投入获得高产出，高生产效率能够保障利润收益的稳定，相应在其生猪养殖行为决策中，选择适度规模养殖的概率也高。

②是否自配饲料（x_{21}）变量系数符号为负，表明该变量与适度规模养殖决策呈负相关，因为生猪饲料成本占养殖成本的比重最大，大规模养殖户为降低成本，通常选择自配饲料，而选用商品饲料的养殖规模通常较小，养殖户承担饲料价格波动的风险较大，经济效益不稳，选择适度规模养殖的概率也较高。该结论与王雨林等（2015）的研究一致，即饲料市场化程度较高、生猪商品化率低等特征的农户愿意散养。

③疾病防治技术水平（合理用药）（x_{24}）变量系数符号为正，表明该变量与适度规模养殖决策呈正相关，原因是疾病是制约生猪规模养殖的主要因素之一，疾病防治技术水平高的选择适度规模养殖的概率高，而技术水平低的担心生猪疫病发生给其造成较大经济效益损失，尤其在当前我国正规风险规避机制不完善背景下，其通常采用保守养殖行为，缩小养殖规模，相应适度规模养殖的概率低。

表 5 - 7 Probit 模型结果

变量名称	模型 1	模型 2	模型 3
常数	-1.477*** (-2.344)	-1.668*** (-2.609)	-1.514** (-2.254)
性别（c_1）	0.199 (1.418)	0.217 (1.527)	0.242* (1.666)
年龄（c_2）	0.002 (0.248)	0.001 (0.108)	0.002 (0.234)
文化程度（c_3）	0.223* (2.453)	0.204** (2.213)	0.188** (2.006)
养殖年限（c_4）	-0.012 (-1.637)	-0.012* (-1.733)	-0.012 (-1.636)
投入劳动力数（c_5）	0.078** (2.009)	0.074* (1.872)	0.059 (1.477)
养猪收入占比（c_6）	0.171*** (3.141)	0.140** (2.515)	0.114** (2.006)
借贷款难易程度（c_7）	0.086* (1.687)	0.096* (1.855)	0.101* (1.867)
生猪销售难易程度（c_8）	0.101 (1.016)	0.064 (0.639)	0.072 (0.681)
距市场距离（c_9）	0.086 (1.148)	0.092 (1.218)	0.059 (0.760)
交通条件（c_{10}）	0.218*** (2.725)	0.206** (2.549)	0.178** (2.128)
技术水平差距（x_{19}）	—	0.139*** (3.262)	0.113** (2.566)
是否优良品种（x_{20}）	—	—	0.144 (1.182)
是否自配饲料（x_{21}）	—	—	-0.279** (-1.985)
生猪死亡率（x_{22}）	—	—	-0.705 (-1.515)
疫病防控技术水平（注射疫苗） （x_{23}）	—	—	-0.132 (-1.200)
疾病防治技术水平（合理用药） （x_{24}）	—	—	0.193* (1.706)
饲料选用与配比技术水平（x_{25}）	—	—	-0.146** (-1.896)

（续）

变量名称	模型1	模型2	模型3
快速育肥技术水平（x_{26}）	—	—	0.099*
			(1.623)
饲养管理技术水平（x_{27}）	—	—	0.041
			(0.592)
麦克法登 R^2	0.174	0.189	0.212
对数似然值	−326.026	−320.684	−312.710
似然比统计量	52.059	62.744	78.692
P值（似然比统计量）	0.000	0.000	0.000

注：（·）为 Z 值，*、**、***分别表示在10%、5%、1%显著水平下显著。

④饲料选用与配比技术水平（x_{25}）变量系数符号为负，表明该变量与适度规模养殖决策呈负相关，原因是饲料成本在生猪养殖成本中约占60%～70%，养殖户掌握此技术可节约成本增加收益，而未掌握此技术的需要承担较高养殖成本导致收益不稳，其改变养殖模式的意愿强烈，养殖决策中选择适度规模养殖的概率也高。

⑤快速育肥技术水平（x_{26}）变量系数符号为正，表明掌握此技术的养殖户选择适度规模养殖的概率高，原因是生猪饲养周期较长，掌握此技术可以缩短养殖周期，降低养殖成本，及时出栏，降低风险损失，稳固养殖收益。

综合上述分析得出如下结论：技术水平差距变量对生猪养殖户适度规模养殖决策正向显著影响，是否自配饲料、饲料选用与配比技术水平变量对生猪养殖户适度规模养殖决策呈负向影响，疾病防治技术水平（合理用药）、快速育肥技术水平变量对生猪养殖户适度规模养殖决策正向显著影响，此结果验证了 H_6 中的部分研究假说。表明生猪养殖户养殖技术方面存在差距，该差距显著地影响了其决策行为，推广疾病防治技术（合理用药）、快速育肥技术、饲料选用与配比技术，提高养殖户整体养殖技术水平，缩小养殖技术水平差距有助于养殖户选择适度规模养殖。

（4）未考虑环境规制因素综合分析。运用Eviews6.0软件，分别对所有控制变量、经济效益、生猪政策、生猪价格、产业组织关键变量及风险态度核心变量、技术水平差距核心变量样本数据进行 Logit 与 Probit 回归处理，得到 Logit 和 Probit 模型回归结果，详见表5-8，在10%的水平条件下，对比两种模型回归结果，发现：

①控制变量文化程度（c_3）、投入劳动力数（c_5）、养猪收入占比（c_6）、借贷款难易程度（c_7）、交通条件（c_{10}）均显著且与前面研究结论一致，除此外发现性别（c_1）变量显著，且系数符号为正，表明相对于女性，男性在生猪养殖规模决策中选择适度规模养殖的概率较高一些，原因是在家庭分工中，男性通常从事非农产业，女性主要从事家庭农业生产，非农产业相对农业产业收益高，在当前实施严格环保规制与生猪养殖收益不稳背景下，理性养殖户通常选择适度规模养殖，此结果也印证了邱红和许鸣（2009）关于农业产业进程中社会性别分工研究所得结论。

②经济效益、生猪政策、生猪价格、产业组织关键变量及风险态度核心变量、技术水平差距核心变量中只有预期生猪价格（x_4）、技术水平差距（x_{19}）变量通过检验，与适度规模养殖决策呈正相关，与前面研究结论一致，表明生猪养殖户做适度规模养殖决策时考虑多因素，而非单一因素。

表 5-8　Logit 与 Probit 模型回归结果

变量名称	Logit 模型	Probit 模型
常数	-3.732*** (-2.899)	-2.118*** (-2.905)
性别（c_1）	0.471* (1.852)	0.264* (1.789)
年龄（c_2）	0.001 (0.079)	0.001 (0.014)
文化程度（c_3）	0.354** (2.085)	0.193** (2.061)
养殖年限（c_4）	-0.016 (-1.242)	-0.009 (-1.196)
投入劳动力数（c_5）	0.152* (1.897)	0.082* (1.930)
养猪收入占比（c_6）	0.221** (2.158)	0.127** (2.185)
借贷款难易程度（c_7）	0.172* (1.839)	0.100* (1.902)
生猪销售难易程度（c_8）	0.088 (0.479)	0.054 (0.524)
市场距离（c_9）	0.098 (0.719)	0.064 (0.827)

（续）

变量名称	Logit 模型	Probit 模型
交通条件（c_{10}）	0.351**	0.214**
	(2.357)	(2.558)
经济效益（x_1）	0.066	0.042
	(0.287)	(0.322)
政策补贴（x_2）	−0.037	−0.020
	(−1.147)	(−1.121)
当期生猪价格（x_3）	−0.003	0.001
	(−0.033)	(0.019)
预期生猪价格（x_4）	0.296***	0.166***
	(3.417)	(3.383)
是否加入合作组织（x_5）	0.128	0.057
	(0.495)	(0.400)
是否订单生产或销售（x_6）	0.386	0.199
	(0.982)	(0.951)
风险态度（x_7）	−0.092	−0.055
	(−0.579)	(−0.622)
技术水平（x_{19}）	0.241***	0.142***
	(3.088)	(3.218)
麦克法登 R^2	0.116	0.116
对数似然值	−311.295	−311.372
似然比统计量	81.520	81.367
P 值（似然比统计量）	0.000	0.000

注：（·）为 Z 值，*、**、*** 分别表示在 10%、5%、1% 显著水平下显著。

5.3.2　考虑环境规制及相关因素分析

首先，加入所有控制变量，得到模型 1；其次，分别加入污染治理压力核心变量、其他关键变量，得到模型 2、模型 3，结果详见表 5-9，在 10% 的水平条件下，对模型结果进行如下讨论：

①污染治理压力（x_{28}）变量系数符号为正，表明污染治理压力越大养殖户选择适度规模养殖的概率越高，原因是在当前严格环境规制实施背景下，生猪养殖户养殖须治理好养殖过程中产生的污染问题，养殖规模越大，生猪污染

防治的压力越大,理性养殖户为减轻生猪污染防治压力,其会缩小养殖规模,选择适度规模养殖概率也高。

②环保部门检查(x_{30})变量系数符号为正,表明此变量与适度规模养殖决策呈正相关,原因是环保部门的执法检查有利于督促养殖户治理养殖产生的粪尿,在该部门执法检查督促压力下,理性养殖户为了减轻生猪养殖污染治理压力往往选择适度规模养殖。

③环保法规认知(x_{35})变量系数符号为正,表明熟知环保法规的养殖户选择适度规模养殖的概率高,原因是环保法规规定生猪养殖要处理好养殖过程中产生的污染问题,加之外在环保执法的督查,形成较大的环保压力,所以熟知该法规的养殖户迫于污染防治的难度和压力,往往会调整养殖规模,选择适度规模养殖。此结论与王玉新等(2012)的研究结论一致,即环境认知受环境规制政策等外在因素影响。

④是否干湿分离(x_{38})变量系数符号为正,表明采用干湿分离处理粪污的生猪养殖户选择适度规模养殖的概率高,原因是干湿分离处理方法不能较好地处置猪粪和猪尿,生猪污染治理压力大,相应采用此方式的养殖户为减轻污染治理压力,会缩小养殖规模,选择适度规模养殖概率也高。

⑤是否制沼气(x_{40})变量系数符号为正,此变量与适度规模养殖决策呈正相关,表明采用制沼气方式处理生猪粪尿污染的养殖户选择适度规模养殖的概率较采用其他处理方式的高,原因是制沼气方式处理生猪粪尿不彻底,处理沼液、沼渣等废弃物费时费力,养殖规模越大,其处理沼液、沼渣废弃物的压力越大,为减小压力,理性养殖户往往缩小规模,选择适度规模养殖概率也高。

⑥粪污是否出售(x_{42})变量系数符号为负,表明未出售粪污的养殖户选择适度规模养殖的概率高,原因是未出售生猪粪污的养殖户,面临较大的粪污治理压力,需要投入较多的治理成本和耕地消纳粪污,在治理压力下其调整生猪养殖规模,选择适度规模养殖的概率也高。

综合上述分析得出:污染治理压力变量对生猪养殖户适度规模养殖决策正向显著影响,适度规模养殖也受环保部门检查、环保法规认知、是否干湿分离、是否制沼气变量正向及粪污是否出售变量负向显著影响,以上结果也验证了 H_7 中的部分研究假说。表明环境规制和环保部门督查给生猪养殖户养殖带来了较大压力,该压力加深了其环保法规认知,改变了其生猪养殖规模决策行为。

表 5 - 9　Probit 模型结果

变量名称	模型 1	模型 2	模型 3
常数	-1.477^{***}	-1.583^{**}	-3.745^{***}
	(-2.344)	(-2.495)	(-3.349)
性别（c_1）	0.199	0.066	0.368^{*}
	(1.418)	(1.491)	(1.794)
年龄（c_2）	0.002	0.187	-0.001
	(0.248)	(1.319)	(-0.117)
文化程度（c_3）	0.223^{*}	0.383^{**}	0.388^{***}
	(2.453)	(2.439)	(2.823)
养殖年限（c_4）	-0.012	-0.018^{*}	-0.010
	(-1.637)	(-1.690)	(-0.890)
投入劳动力数（c_5）	0.078^{**}	0.150^{**}	0.026
	(2.009)	(2.025)	(0.406)
养猪收入占比（c_6）	0.171^{***}	0.304^{***}	0.240^{***}
	(3.141)	(3.192)	(2.855)
借贷款难易程度（c_7）	0.086^{*}	0.152^{*}	0.144^{*}
	(1.687)	(1.717)	(1.862)
生猪销售难易程度（c_8）	0.101	0.001	0.204
	(1.016)	(0.174)	(1.232)
距市场距离（c_9）	0.086	0.118	0.035
	(1.148)	(1.175)	(0.281)
交通条件（c_{10}）	0.218^{***}	0.374^{***}	0.222^{*}
	(2.725)	(2.776)	(1.897)
污染治理压力（x_{28}）	—	0.135^{*}	0.098
		(1.758)	(1.336)
养殖污染认知（x_{29}）	—	—	0.073
			(0.499)
环保部门检查（x_{30}）	—	—	0.376^{***}
			(2.870)
是否受过处罚（x_{31}）	—	—	0.756
			(1.271)
是否影响邻里（x_{32}）	—	—	-0.063
			(-0.216)
是否有环保制度（x_{33}）	—	—	0.097
			(0.443)
是否监督排放（x_{34}）	—	—	-0.210
			(-0.909)

（续）

变量名称	模型 1	模型 2	模型 3
环保法规认知（x_{35}）	—	—	0.388*** (2.612)
是否获得治理补贴（x_{36}）	—	—	0.108 (0.295)
污染治理是否划算（x_{37}）	—	—	−0.033 (−0.174)
是否干湿分离（x_{38}）	—	—	0.767*** (3.559)
是否还田（x_{39}）	—	—	0.002 (0.009)
是否制沼气（x_{40}）	—	—	0.373* (1.826)
是否做有机肥（x_{41}）	—	—	0.029 (0.059)
粪污是否出售（x_{42}）	—	—	−1.189** (−2.431)
是否废弃（x_{43}）	—	—	−0.107 (−0.482)
麦克法登 R^2	0.174	0.173	0.241
对数似然值	−326.026	−326.444	−302.022
似然比统计量	52.059	54.302	99.626
P 值（似然比统计量）	0.000	0.000	0.000

注：（·）为 Z 值，*、**、***分别表示在10%、5%、1%显著水平下显著。

5.3.3 环境规制背景下各影响因素及其交互项综合分析

（1）各影响因素综合分析。运用 SPSS17.0 软件，首先对控制变量数据进行二元 Logistic 回归处理，得到模型 1；其次对经济效益、生猪政策、生猪价格、产业组织关键变量及风险态度、技术水平、污染治理压力核心变量样本数据进行二元 Logistic 回归处理，得到模型 2；最后对控制变量、污染治理压力等核心变量数据进行二元 Logistic 回归处理，得到模型 3，结果详见表 5-10。在10%的水平条件下，由模型 2、模型 3 中的结果可知，生猪预期价格（x_4）、是否订单生产或销售（x_6）、风险态度（x_7）、技术水平（x_{19}）核心变量显著影响，与第 2 章中的研究假说一致，变量分析讨论如下：

①生猪预期价格（x_4）的系数为 0.298，优势比为 1.347，表明认为生猪预期价格对其养殖决策影响较大的养殖户选择适度规模养殖的概率是认为预期生猪价格对其养殖决策影响较小的 1.347 倍，说明生猪养殖户适度规模养殖决策主要基于预期生猪价格，而非当期生猪价格。

②是否订单生产或销售（x_6）的系数为 0.742，优势比为 2.099，表明参与订单生产或销售的养殖户选择适度规模养殖的概率是未参与的 2.099 倍，原因是参与订单生产或销售的养殖户，在获得组织提供激励的同时，也受到了组织的约束，生猪养殖过程中需按照组织要求，投入较多的技术、人工、时间等成本，在组织约束和成本投入压力下，参与组织的养殖户选择适度规模养殖的概率高。

③风险态度（x_7）的系数为 −0.099，优势比为 0.905，表明风险厌恶型养殖户选择适度规模养殖的概率是风险偏好型的 0.905 倍，原因是生猪养殖存在多方面风险，风险厌恶型养殖户在生猪养殖中，为规避养殖风险，通常采用缩减养殖规模、自繁自养、购买生猪保险等保守行为来应对，相应在生猪养殖规模决策中，厌恶风险态度会促使其综合考虑多方面因素条件，选择缩小生猪养殖规模，进行适度规模养殖。

④技术水平（x_{19}）的系数为 0.268，优势比为 1.307，表明掌握的饲养技术或技能增加一项，养殖户选择适度规模养殖的概率增加 30.7%，原因是生猪疫病具有隐蔽性，频繁发生导致养殖户出现亏损，虽掌握生猪饲养技术能较好地支撑养殖户进行生猪养殖，但理性的养殖户为了规避生猪养殖过程中可能出现的疫病风险，往往会缩小生猪养殖规模，选择适度规模养殖。

表 5 - 10　二元 Logistic 回归结果

变　　量	模型 1	模型 2	模型 3
常数	−2.576**	−0.402	−3.821***
	(5.354)	(0.663)	(8.740)
性别（c_1）	0.345	—	0.452*
	(2.032)		(3.139)
年龄（c_2）	0.004	—	0.001
	(0.067)		(0.001)
文化程度（c_3）	0.398**	—	0.355**
	(5.934)		(4.353)
养殖年限（c_4）	−0.020*	—	−0.016
	(2.805)		(1.620)

（续）

变　　量	模型 1	模型 2	模型 3
投入劳动力数（c_5）	0.145** (3.883)	—	0.151* (3.514)
养猪收入占比（c_6）	0.300*** (9.851)	—	0.214** (4.316)
借贷款难易程度（c_7）	0.156* (2.983)	—	0.171* (3.341)
生猪销售难易程度（c_8）	0.147 (0.699)	—	0.110 (0.350)
距市场距离（c_9）	0.140 (1.128)	—	0.073 (0.276)
交通条件（c_{10}）	0.370*** (6.933)	—	0.362** (5.866)
污染治理压力（x_{28}）	—	0.087 (1.316)	0.078 (0.888)
经济效益（x_1）	—	0.003 (0.404)	0.072 (0.096)
政策补贴（x_2）	—	−0.006 (0.020)	−0.036 (1.293)
当期生猪价格（x_3）	—	−0.059 (0.419)	−0.006 (0.004)
预期生猪价格（x_4）	—	0.298*** (12.685)	0.281*** (10.268)
是否加入合作组织（x_5）	—	0.230 (0.864)	0.123 (0.225)
是否订单生产或销售（x_6）	—	0.742* (3.786)	0.397 (1.015)
风险态度（x_7）	—	−0.099*** (13.188)	−0.097 (0.377)
技术水平（x_{19}）	—	0.268*** (13.188)	0.245*** (9.766)
−2 对数似然值	652.108	657.829	621.694
卡方值	52.003	46.772	82.417

注：（·）为 Wald 值，*、**、***分别表示在 10%、5%、1%显著水平下显著。

（2）各影响因素交互项分析。分别验证经济效益、生猪政策、生猪价格、产业组织、风险态度、技术水平、污染治理压力因素之间 36 个交互项对生猪养殖户适度规模养殖决策的影响，在 10% 水平条件下得到 9 个显著交互项，详见表 5-11。其中风险态度分别与经济效益、政策补贴的交互项，技术水平分别与政策补贴、污染治理压力的交互项，当期生猪价格与预期价格交互项的优势比大于 1，而经济效益分别与政策补贴、污染治理压力的交互项，政策补贴与当期生猪价格交互项，预期生猪价格与是否加入合作组织交互项的优势比均小于 1。此结果表明各因素交互项对养殖户适度规模养殖决策显著影响，验证了第 2 章中的研究假说 H_8：生猪养殖户适度规模养殖决策是综合考虑环境规制因素、非环境规制因素及其交互项多个因素而做出的决定。

表 5-11　交互项回归结果

交互项	系数	优势比	Wald	显著性
常数	0.076	1.079	0.069	0.793
污染治理压力（x_{28}）×经济效益（x_1）	−0.013	0.987	8.872	0.003
污染治理压力（x_{28}）×技术水平（x_{19}）	0.134	1.144	5.195	0.023
污染治理压力（x_{28}）×政策补贴（x_2）	−0.092	0.912	0.803	0.370
污染治理压力（x_{28}）×当期生猪价格（x_3）	0.017	1.018	0.077	0.781
污染治理压力（x_{28}）×预期生猪价格（x_4）	−0.093	0.912	2.216	0.137
污染治理压力（x_{28}）×是否加入合作组织（x_5）	0.169	1.184	0.715	0.398
污染治理压力（x_{28}）×是否订单生产或销售（x_6）	−0.156	0.855	0.210	0.646
经济效益（x_1）×政策补贴（x_2）	0.001	0.999	7.151	0.007
经济效益（x_1）×风险态度（x_7）	0.030	1.031	2.875	0.090
政策补贴（x_2）×当期生猪价格（x_3）	−0.277	0.758	3.182	0.074
政策补贴（x_2）×风险态度（x_7）	0.847	2.332	2.862	0.091
政策补贴（x_2）×技术水平（x_{19}）	0.168	1.183	4.110	0.043
当期生猪价格（x_3）×预期生猪价格（x_4）	0.141	1.151	9.580	0.002
预期生猪价格（x_4）×是否加入合作组织（x_5）	−0.637	0.529	7.019	0.008
经济效益（x_1）×当期生猪价格（x_3）	0.001	1.001	0.041	0.839
经济效益（x_1）×预期生猪价格（x_4）	0.002	1.002	0.145	0.704
经济效益（x_1）×是否加入合作组织（x_5）	−0.012	0.988	0.771	0.380
经济效益（x_1）×是否订单生产或销售（x_6）	0.025	1.025	2.233	0.135
经济效益（x_1）×技术水平（x_{19}）	−0.003	0.997	0.580	0.446

（续）

交互项	系数	优势比	Wald	显著性
政策补贴（x_2）×预期生猪价格（x_4）	0.011	1.011	0.006	0.938
政策补贴（x_2）×是否加入合作组织（x_5）	0.624	1.866	2.606	0.106
政策补贴（x_2）×是否订单生产或销售（x_6）	−0.110	0.896	0.095	0.758
当期生猪价格（x_3）×是否加入合作组织（x_5）	0.230	1.259	0.925	0.336
当期生猪价格（x_3）×是否订单生产或销售（x_6）	0.135	1.145	0.154	0.695
当期生猪价格（x_3）×风险态度（x_7）	−0.097	0.907	1.069	0.301
当期生猪价格（x_3）×技术水平（x_{19}）	−0.053	0.949	1.545	0.214
预期生猪价格（x_4）×是否订单生产或销售（x_6）	0.160	1.174	0.134	0.715
预期生猪价格（x_4）×风险态度（x_7）	−0.064	0.938	0.319	0.572
预期生猪价格（x_4）×技术水平（x_{19}）	0.028	1.029	0.252	0.616
是否加入合作组织（x_5）×是否订单生产或销售（x_6）	0.572	1.771	0.407	0.524
是否加入合作组织（x_5）×风险态度（x_7）	0.127	1.136	0.070	0.792
是否加入合作组织（x_5）×技术水平（x_{19}）	0.126	1.135	0.401	0.527
是否订单生产或销售（x_6）×风险态度（x_7）	0.046	1.047	0.005	0.941
是否订单生产或销售（x_6）×技术水平（x_{19}）	−0.166	0.847	0.408	0.523
污染治理压力（x_{28}）×风险态度（x_7）	−0.045	0.956	0.220	0.639
风险态度（x_7）×技术水平（x_{19}）	0.020	1.021	0.059	0.807

5.4　本章小结

本章以有限理论、行为决策理论、环境经济学理论、规制经济学理论为支撑，对生猪养殖户适度规模养殖决策进行理论分析，提出理论决策模型；基于研究假说，利用四川生猪养殖户问卷调查数据，分别选取 Logit 模型、Probit 模型及 Logistic 模型，验证养殖户适度规模养殖决策的影响因素假说，回答本书提出的问题"为什么部分养殖户适度规模养殖，部分没有"，得出：

第一，生猪养殖户适度规模养殖以获取经济效益为主要目标，其适度规模养殖决策既受政策补贴、产业组织、生猪预期价格、投入劳动力数、养猪收入占比、借贷款难易程度、文化程度、生猪销售难易程度、交通条件、市场距离变量正向显著影响，也受当期生猪价格、养殖年限变量负向显著影响，验证了研究假说 H_2、H_3、H_4。表明生猪养殖户以获取经济效益为主要目标，适度规模养殖决策基于生猪预期价格而非当期生猪价格；培育产业组织，完善政策补贴，提供较多组织和补贴激励，提高养殖户专业化养殖程度、自身文化程度及生产要素禀赋，优化生猪销售环境等有利于养殖户选择适度规模养殖。

第二，风险态度对养殖户适度规模养殖决策的影响存在差异，其中对适度规模养殖决策有正向显著影响，侧面印证了养殖户厌恶风险，为风险规避者。适度规模养殖决策还受生猪价格波动风险、饲养技术风险变量正向显著影响，验证了 H_5 中的部分研究假说，表明推广安全优质养殖技术，抑制生猪市场价格和养殖技术风险有利于养殖户选择适度规模养殖。

第三，技术水平差距变量对生猪养殖户适度规模养殖决策正向显著影响，适度规模养殖决策也受是否自配饲料、饲料选用与配比技术水平变量负向及疾病防治技术水平（合理用药）、快速育肥技术水平变量正向显著影响，验证了 H_6 中的部分研究假说。表明生猪养殖户养殖技术方面存在差距，该差距显著地影响了其决策行为，推广疾病防治技术（合理用药）、快速育肥技术、饲料选用与配比技术，提高养殖户整体养殖技术水平，缩小养殖技术水平差距有利于养殖户选择适度规模养殖。

第四，污染治理压力变量对生猪养殖户适度规模养殖决策正向显著影响，适度规模养殖决策也受环保部门检查、环保法规认知、是否干湿分离、是否制沼气变量正向及是否出售变量负向显著影响，验证了 H_7 中的部分研究假说。表明环境规制和环保部门督查给生猪养殖户养殖带来了较大压力，该压力加深了其环保法规认知，改变了其生猪养殖规模决策方式；推广先进的生猪养殖废弃物处理方式，开展养殖废弃物资源化利用，有利于生猪养殖户选择适度规模养殖。

第五，生猪养殖户适度规模养殖决策是综合考虑多因素而做出的决定，受各因素及其交互项显著影响，其中风险态度与经济效益、政策补贴交互项，技术水平与政策补贴、污染治理压力交互项，当期生猪价格与预期价格交互项，经济效益与政策补贴、污染治理压力交互项，政策补贴与当期生猪价格交互项，预期生猪价格与产业组织交互项均显著影响，表明探究生猪养殖决策行为需从各因素及其交互项两个角度着手，验证了研究假说 H_8。

第 6 章 生猪养殖户适度规模养殖决策案例分析

本章在前三章研究基础上，分别从四川广安市、资阳市、乐山市、雅安市选取四种不同规模类型典型生猪养殖户，运用案例研究方法，对生猪养殖户在环境规制实施前后，其规模养殖认知与适度养殖规模评判、适度规模养殖决策、适度规模养殖决策影响因素、政策期望作进一步验证和剖析，印证前三章研究结论，回答提出的问题"环境规制下生猪养殖户如何进行适度规模养殖决策"。

前两章分别对四川生猪是否需要适度规模养殖进行评判、适度规模养殖区间进行测度及影响养殖户适度规模养殖决策的因素进行实证分析。从宏观大样本的研究结果看，已揭示出四川生猪需要适度规模养殖、测算出适度养殖规模区间、适度规模养殖决策的影响因素，但养殖户微观个体差异较大，环境规制实施前后其如何进行养殖规模决策，哪些因素影响其决策行为及其适度规模养殖，期望出台哪些政策措施等，需要通过一定的方法予以揭示。生猪养殖户作为有限理性"经济人"，环境规制实施前后，均以追求满意利润为目标，但环境规制实施后，其在生猪养殖决策中会考虑环境要素，随着环境规制越来越严格，养殖户一方面需要为环境要素的使用支付费用，相应会增加其资金成本压力，另一方面养殖户均面临处理生猪养殖废弃物压力和环保达标压力，该压力导致了养殖户适度规模养殖决策行为发生了变化吗？影响其决策行为的因素有哪些？其如何做适度规模养殖决策？因此，在当前我国实施严格环境规制政策和耕地保护政策背景下，对养殖户适度规模养殖决策研究，需基于不同区域实际，从环境规制视角和非环境规制视角，与第 4 章生猪养殖户适度养殖规模测度视角相对应，分别选取养殖风险规避型（以养殖经济利润为目标）、污染治理压力型（投入较高的治理成本）、养殖技术水平提高型（粪尿主要由土地消纳）、种养分离型（自己无土地消纳污染物）典型养殖户作为研究案例，考虑其自身要素禀赋的丰裕程度和所使用要素的相对密集程度，从微观层面剖析其在环境规制实施前后养殖规模、养殖决策行为变化、决策背后的动机及内外在关键影响因素，回答提出的问题"环境规制下生猪养殖户如何进行适度规模养殖决策"。本章研究思路框架见图6-1。

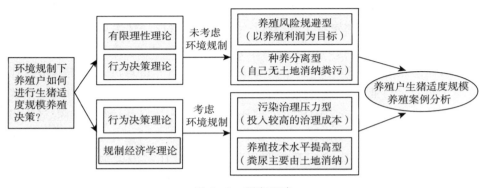

图6-1　研究思路

6.1　案例选择说明

6.1.1　案例选择范围

为确保本书研究的科学性和严谨性，在当前环境规制实施背景下，从四川不同生猪养殖区域选取四种典型养殖户进行案例研究，从微观层面剖析环境规制实施背景下生猪养殖户适度规模养殖决策行为及其影响因素。根据石承苍和刘定辉（2013）对四川农业分区划分结果，结合2007—2014年四川省21市（州）生猪出栏量、2014—2015年四川省21市（州）生猪存栏量、猪肉产量，可知四川生猪生产主要分布在盆地丘陵、盆西平原、盆周山地三个大区及其所属的10个亚区，本书从四川生猪生产布局的主要区域选取广安市、资阳市、乐山市、雅安市作为案例研究区域，其中广安市属于盆地丘陵大区中的盆中东平行岭谷亚区、资阳与乐山市属于盆地丘陵大区中的盆中丘陵亚区、雅安市属于盆周山地大区中的盆周西部中低山亚区，以上四地市能较好地代表四川生猪主要生产区域。同时上述四地市年生猪出栏量、年末存栏量及猪肉产量存在显著的层级差异，能较好地代表四川生猪产业的不同发展水平。

6.1.2　案例选择过程

为选取具有典型性、代表性的研究案例，初步采用随机抽样方法从四川不同区域选取 10 个待调研对象，后根据研究问题和拟定的案例选择标准，最终确定四个典型研究案例，分别是广安市邻水县周姓生猪养殖户、资阳市安岳县李姓生猪养殖户，乐山市井研县陈姓生猪养殖户、雅安市雨城区朱姓生猪养殖户[①]，其中邻水县生猪养殖户为普通养殖户，其主要根据生猪市场价格波动和所获养殖利润情况调整生猪养殖规模，以追求养殖经济利润为主，属风险规避型养殖户，资阳市安岳县李姓生猪养殖户进入生猪养殖行业较晚，对生猪行业了解相对较少，虽具有资本优势，但自身缺失消纳生猪养殖污染的土地，面临较大的污染处理压力，在实施严格环境规制和生猪价格不稳背景下，其很容易退出生猪养殖行业，属种养分离型养殖户，井研县生猪养殖户为专业养殖大户，其与四川蓝雁集团合作，污染治理成本投入较高，属污染治理压力型养殖户，雅安市雨城区养殖户为大规模养殖户，其成立合作社，与正大公司合作，采用订单代养模式，由正大公司和四川大学提供养殖技术，种养结合，粪污主要由土地消纳，属养殖技术水平提高型养殖户。

6.1.3 案例访谈及分布

基于研究问题和研究假说，借鉴赵建欣（2008）、戚迪明（2013）的案例研究文献，拟定案例访谈提纲。该提纲主要包括环境规制实施前后养殖户怎样做生猪养殖规模决策及考虑的主要影响因素、环境规制对限制生猪养殖户规模养殖的影响、环境规制实施后是否考虑过适度规模养殖及对其看法、关于生猪适度规模养殖期望未来主管部门出台哪些帮扶政策和措施等。访谈提纲初步设计完成后，于 2017 年 7 月对南充市两位典型生猪养殖户进行预访谈，后又经修改调整，确保访谈提纲与预期研究问题和研究目标一致。

根据访谈提纲，于 2017 年 8 月，采用半结构化访谈法，分别对选定的三个典型生猪养殖户进行案例调研、现场访谈，收集相关资料，分别对每个案例访谈内容进行分析，找出环境规制实施背景下生猪养殖户适度规模养殖决策行为的共性规律和差异产生的原因，并对研究结果加以总结提炼。案例养殖户分别分布在邻水县经济开发区仁和村、安岳县李家镇石柱村、乐山市井研县千佛镇民建村、雅安市雨城区凤鸣乡硝坝村。

---

① 本书调研时邻水县、安岳县、井研县均为国家生猪调出大县和四川省现代畜牧业重点县、生猪适度规模养殖示范县，而雨城区不是。

6.2　不同类型养殖户养殖决策个案分析

6.2.1　养殖风险规避型养殖户个案分析

6.2.1.1　基本情况简介

广安市邻水县周姓养殖户，男，现年 65 岁，小学文化程度，是退休村干部，家中有成员 13 人，其中有成年劳动力 8 人。于 2007 年开始养猪，养猪场名为金得利种猪场，当时其是该村村支书，当年乡政府动员村干部带领村民养猪发家致富，其家于当年率先借贷 360 万元建设猪圈舍 3 000m² 用于生猪养殖，目前圈舍能满足现有养殖规模需要，当年以养殖出售母猪、种猪为主，由于养育肥猪所获利润较高，目前以养殖育肥猪为主。其家养猪场位于自家房屋边，由于距离邻水县城集市较近，生猪很容易售卖出去，加之其是退休村干部，在当地很有威信，其养猪需要资金时很容易借贷到。平时由其和老伴负责养殖生猪，养殖费用开支由其儿子负责，全年家庭收入约 20 万元，收入主要来自养猪。

环境规制实施前①，即 2014 年全年生猪养殖规模为 350 头，环境规制实施后，即 2015—2016 年分别养殖生猪 360 头、550 头，此结果表明环境规制对该养殖户生猪养殖规模影响较小，在环境规制约束下养殖规模不是在递减而是在增加，原因是该养殖户在此养殖期间处理生猪粪尿等废弃物不规范，环保投入成本不高，生猪养殖污染治理压力较小。目前该养殖户每天养猪大约每人用 8 小时，生猪平均养殖约 210 天，2017 年所养生猪于上半年全部出栏，出栏时每头生猪均重约 150 千克，2017 年上半年生猪价格较低，出售时均价约 12.4～13.0 元/千克，生猪销售收入约 102.3 万元，扣除购买仔猪费用、精粗饲料费用、医疗防疫费、水电费等其他费共计约 123.75 万元外，2017 年约亏损 30 万元，生猪养殖积极性受挫。由于目前国家对生猪养殖环保要求较高，加之生猪出售价格低，为规避生猪市场价格波动风险，暂未购买仔猪进行育肥养殖，自家养殖场仅剩下 30 多头小种猪和 40 多头母猪，是典型的追求养殖利润型和风险规避型普通生猪养殖户。

---

① 关于环境规制实施前后的界定主要基于《畜禽规模养殖污染防治条例》、新《环境保护法》、《关于配合做好畜禽养殖禁养区划定工作的通知》、《"十三五"生态环境保护规划》等环境政策的实施时间，将 2014 年及之前划分为环境规制实施前，2014 年之后划分为环境规制实施后，余下均按此时间来划分。

6.2.1.2　生猪养殖户规模养殖认知与适度养殖规模评判

通过访谈可知，该养殖户知晓年出栏 500 头以上养殖规模是未来生猪养殖的主要发展趋势，其认为进行生猪规模养殖有两方面好处，一是能降低成本，增加收入；二是充分利用圈舍。其认为目前国家实施的环保政策对生猪养殖影响较大，生猪养殖环保要求较高，目前其承受的生猪养殖污染治理压力较大，投入的治理成本较高，生猪养殖所获利润较少，进行生猪规模养殖的积极性受挫。未来关于生猪养殖规模调整打算是缩小养猪规模，选择适度规模养殖，原因是其自家养猪场育肥猪年适度养殖规模为 300 头左右，近三年来其自家养殖场生猪实际养殖规模已超过了 300 头，未来年生猪养殖规模拟缩减至 200 头。国家环境规制政策实施之前，其主要参考当年生猪出栏价格、仔猪市场价格、饲料价格、粮食价格、母猪数量来共同决定次年生猪养猪规模，当前国家环境规制政策实施背景下，未来拟基于环保要求和自身养殖能力缩减养殖规模，将生猪养殖规模控制在自身养殖承受能力范围以内。

6.2.1.3　环境规制背景下生猪养殖户适度规模养殖决策分析

通过访谈可知，严格环境规制实施前，该养殖户从事生猪养殖的主要目标是获取经济利润，生猪养殖规模决策主要基于自家母猪数量，育肥猪养殖规模以母猪产仔数量为主，同时参考生猪价格、生猪预期价格、饲料成本、疫情情况，当生猪出栏价格较高、饲料成本较低时，预期自己补栏的生猪出栏时还会保持较高的价格，除了自繁自养外，会提前几个月购买附近其他养殖户的仔猪进行补栏，扩大生猪养殖规模；当生猪价格低、饲料成本较高，预期未来生猪出栏价格降低时，自繁自养，并提前缩减生猪养殖规模；当疫情严重时，提前减少育肥猪养殖规模或退出生猪养殖行业，当疫情不发生时扩大养殖规模。同时，养殖规模决策还会考虑养殖场地大小、资金充裕程度或借贷难易程度、仔猪、粮食价格因素，通常养殖圈舍大小也决定了其育肥猪养殖规模，资金充裕、借贷容易有利扩大生猪养殖规模，而仔猪、粮食价格与养殖规模成反比。生猪规模养殖决策还要兼顾国家生猪政策，当生猪养猪规模达 500 头以上时国家有生猪政策补贴，养殖户生猪养殖积极性较高，而目前没有了各种生猪政策补贴，其已缩减了养殖规模。

环境规制实施后，该养殖户生猪养殖仍以获取经济利润为主要目标，但由于目前生猪养殖环保要求较高，生猪养殖过程中须做好养殖污染治理，须投入大量资金购买粪污、尿液、废水等处理设备，修建污水处理设施，粪便、尿液及废水处理难度大，治理压力大。在当前严格环境规制政策实施背景下，生猪养殖户养殖规模决策除综合考虑自家母猪数量、生猪价格、生猪预期价格、饲料成本、疫情情况、养殖场地大小、资金充裕程度或借贷难易程度、仔猪、粮食价格、国家各种生猪政策等因素外，目前还考虑自家生猪粪便、尿液、污水等废弃物污染处理能力大小、治理成本高低、处理设施齐全程度来综合决定。由于该养殖户生猪养殖规模较小，目前环境规制对其养殖规模决策影响较小，主要通过缩减养殖规模，根据自身养殖污染处理能力，选择适度规模养殖来应对。

6.2.1.4　环境规制背景下养殖户适度规模养殖决策影响因素分析

在当前环境规制实施背景下，生猪养殖户适度规模养殖决策不仅考虑环境规制因素，还考虑非环境规制因素，基于多因素共同决定，分别对影响生猪养殖户适度规模养殖决策的因素进行分析：

（1）污染治理及其相关因素的影响。通过访谈可知，村里虽没有生猪排泄物管理规章制度，无人监督排放，但环保部门经常来检查生猪排泄物的排放，环保监管较为严格，未因生猪粪尿排放受过处罚，猪场环保问题未影响自己与周边农民、村委会或政府的关系。自己对《畜禽污染防治条例》、《环境保护法》等环保政策法规很熟悉，这些法规、规制及环保部门的检查对限制自己扩大生猪养殖规模的影响非常大，自己也很愿意治理生猪养殖污染物（猪粪、尿液、废水），为了养猪场环保达标，于2017年投入60万元，新修建了9个化粪池、净化池等环保处理设施，购买了干湿分离机、排泄管等环保处理设备，将猪粪进行干湿分离处理，每年花费6 000元租种周围邻居10亩土地用于消耗猪粪，余下猪粪免费供周围村民使用，供附近约200亩土地使用，每年为周围村民节省化肥费用约6万元。尿液、废水等排入化粪池制沼气，自家于2007年投入6万元建设350立方米沼气池，沼气池基本能消耗掉自家生猪产生的尿液、废水等废弃物，产生的沼气无偿供40户村民做饭使用，粪尿等废弃物沉淀、净化后还田。目前生猪粪便、粪水、废水等处理难度较大，存在较大治理压力，该压力对限制扩大生猪养殖规模的影响非常大，每年需要为清理猪粪、沼渣及抽沼液支付工钱、电力成本等约3万元，猪粪、沼气均免费供周围村民无偿使用，经济上不划算。

（2）产业组织、生猪政策及生猪价格因素的影响。通过访谈可知，该养殖户生猪养殖属家庭饲养，未加入任何养猪合作组织或协会，也未参加订单生产或销售。由于养猪场离邻水县城近，生猪出栏时主要卖给当地县城肉联厂，生猪销售容易。对国家生猪规模养殖政策比较了解，前几年生猪养猪规模达500

头以上，国家给予生猪政策补贴调动了其养殖积极性，因此养殖规模持续增加，而目前没有了补贴政策激励，该政策补贴对自家生猪养殖规模基本上无影响了，年生猪养殖规模也缩小了，均小于 500 头。当前生猪价格波动对其生猪适度规模养殖决策影响非常大，其虽不清楚未来生猪价格将会如何变化，但其认为生猪预期价格对其选择适度规模养殖影响非常大。

（3）技术水平及其相关因素的影响。通过访谈可知，饲养的生猪品种主要为土三元，属优良品种，喂养的饲料为全价料。饲养技术主要靠自己摸索，没有请饲养技术人员，原因是聘请技术人员虽对自己生猪养殖帮助大，但费用过高，经济上不划算。自己经过十多年摸索，目前已经掌握了给猪注射疫苗、饲料选用与配比、猪舍管理（温度、通风等）等生猪饲养技术，掌握的这些饲养技术对其生猪养殖帮助很大，其中各项饲养技术对其生猪适度规模养殖决策影响存在差异，掌握的疫病防控技术（注射疫苗）、疾病防治技术（合理用药）对其适度规模养殖决策影响非常大，饲料选用与配比技术对其生猪适度规模养殖决策影响较大，快速育肥技术和猪舍日常管理技术对其生猪适度规模养殖决策影响一般，目前最需要疫病防治技术指导。

（4）风险态度及其相关因素的影响。通过访谈可知，该养殖户养猪过程中受生猪与猪肉价格波动风险、生猪饲料与仔猪成本价格波动风险、疫病频发风险以及环境污染风险等多种风险交织影响，非常害怕养猪过程中各种风险的发生，为典型的风险规避型养殖户。2015 年所养生猪因疫病死亡 110 头，经济损失约 25 万元，除疫病以外还存在出栏价格波动风险，造成经济损失约 65 万元，主要采用自繁自养方式来应对风险，当风险较大时出售仔猪，风险较小时养殖育肥猪。各种风险对其生猪适度规模养殖决策影响存在差异，其中生猪、猪饲料、仔猪市场价格波动和疾病频发风险对其生猪适度规模养殖决策影响非常大，猪肉市场价格波动和饲养技术风险对其生猪适度规模养殖决策影响较大，管理不善风险对其生猪适度规模养殖决策影响一般，自然灾害和政策变化风险对其生猪适度规模养殖决策无影响。

6.2.1.5　环境规制背景下生猪养殖户政策期望分析

在当前环境规制实施背景下，生猪养殖户政策期望体现在四个方面，分别是：①环保补贴。为了环保达标投入 60 多万元，购买设备及修建处理设施，用于生猪粪尿、废水治理，目前未获得过政府补贴，期望政府部门对粪便、污水处理设备、建设费用进行部分补贴。②采用"养殖场＋农户"种养结合模式。目前养猪场与周围农户合作，养猪场产生的猪粪、猪尿液、废水等环保处理后，免费供农户使用，农户利用土地来消纳废弃物，实现种养结合，期望政府给予养殖场环保治理补贴。③继续探索推广生猪保险，当生猪价格不稳时给予购买保险的养殖户生猪保险补贴，饲料价格较高时也给予补贴，保障养殖户养殖收入。④引进专门的有机肥制造企业，专门负责处理猪粪、猪尿液等废弃物的资源化利用或者政府部门利用补贴政策引导养殖户组建专业化的中介猪粪合作社，解决当地生猪粪尿废弃物"产-供-需"脱节问题。

6.2.2　种养分离型养殖户个案分析

6.2.2.1　养殖户基本情况简介

李姓养殖户，男，50岁，初中文化程度，家庭成员5人，其中劳动力4人。其从事生猪养殖仅仅2年，2016年以前其主要在安岳县城周边从事建筑工作，是当地小有名气的包工头，由于近两年当地禁止开发小产权房，其于2016年以年租金4万元租赁原村小学废弃校舍，投入30万元改扩建成养猪场，并于当年雇佣2名工人开始养猪，现有圈舍面积约2000平方米，能满足现有生猪养殖需要。2016年养殖育肥猪550头，年底全部出栏，毛销售收入约96.25万元，扣除全年购买仔猪、精粗饲料、疫苗防疫、水电等费用，全年亏损60多万元，继续从事生猪养殖的信心受挫。2017年国家实施更严格的环保政策，对生猪养殖环保要求更高，其为了生猪养殖环保达标，于今年上半年投入30万元，修建了化粪池、净化池，购买了抽粪机器、污水处理设备及租赁了20亩土地用于消纳处理后的废水。鉴于生猪养殖风险较大，年初仅补栏400头，加之上半年生猪价格一直走低，其为了获得更多经济利润，在县城菜市场租赁了两个门面，开了两家猪肉店，自己杀猪售卖猪肉，计划生猪全部出栏后，未来进行小规模适度养殖。

6.2.2.2　养殖户生猪规模养殖认知与适度养殖规模评判

通过调查可知，该养殖户知晓年出栏500头以上规模养猪是未来我国生猪主要发展趋势，认为规模养殖具有降低成本、增加收入、便于治污、引进先进管理技术、获得扶持资金等优势。环境规制实施后，对限制其生猪养殖规模影响较大，未来打算缩小生猪养殖规模，其认为未来生猪养殖应基于自身养殖实力和条件，适度规模养殖，认为自己每年合理养殖规模为600头育肥猪，而目前养殖规模仅为400头，还没有达到适度养殖规模。

6.2.2.3　养殖户养殖规模决策分析

通过调查可知，该养殖户于2016年开始养猪，养猪的主要目标是获取可观的经济利润，其养殖规模决策主要基于当时的生猪出栏价格、预期价格、上一年所获经济利润，当生猪出栏价格较高时，预期自己补栏的生猪出栏时还会保持较高的价格，会提前几个月补栏仔猪，扩大养殖规模，当预期生猪出栏时价格会降低，提前不再补栏，缩减养殖规模，当上一年所获经济利润较多时，会选择扩大规模，当上一年所获经济利润较多时，反之。同时，养殖规模决定还会考虑养殖场地大小、资金充裕程度或借贷难易程度、仔猪、粮食价格因素，通常养殖圈舍大小决定了养殖规模，资金充裕、借贷容易有利扩大养殖规模，仔猪、粮食价格与养殖规模成反比。环境规制实施后，生猪养殖规模决策主要考虑污染治理设备数量、污染治理成本及污染治理压力，当废弃物处理设施齐全、治理成本较低、污染治理压力小，则养殖规模大，反之则养殖规模小。

6.2.2.4 环境规制背景下养殖户适度规模养殖决策影响因素分析

分别对影响生猪养殖户适度规模养殖决策的因素进行分析：

（1）污染治理及其相关因素的影响。通过调查可知，该养殖户认为自家生猪养殖排泄物对周边环境污染较小，而环境污染对生猪健康养殖影响较大。自家猪场所在村没有生猪排泄物管理规章制度，也没有人监督排放，而当地环保部门经常来检查生猪排泄物的排放问题，自养猪以来未因生猪粪尿排放问题受过处罚，也没有影响自身与周边农民、村委会或政府关系。知晓部分《畜禽污染防治条例》、《环境保护法》等环境规制，目前这些规制和环保部门督察对限制其生猪养殖规模较明显，自己也愿意处理废弃物，但由于自己没有土地来消纳生猪养殖产生的污染废弃物，导致其目前面临较大的污染处理压力。其处理流程大致是先进入化粪池，然后干湿分离，分离出的猪粪免费送给周围农户用于种植业肥料，大约供 150 亩农田使用，田地基本能消耗掉养猪产生的粪便，污水及猪尿液进沼气池制沼气，产生的沼气免费供周围农户使用，沼渣沉淀后排放，浇地还田，沼气池体积约 300 立方米，建时投入 6 万元，目前沼气池基本能完全消耗掉养猪产生废弃物。目前处理生猪养殖废弃物未获得过政府任何补贴，处理难度较大，处理压力对限制生猪养殖规模影响非常大。2016 年抽沼液、沼渣等共花费工钱、电力成本等 0.8 万元，由于猪粪和沼气免费供周围农户使用，自己并未获得任何收益，但为周围农户节省约 3 万元化肥费用，此种处理方式对于自己来说经济上不划算。主要通过深挖掩埋方式处理病死猪，获得 80 元/头补贴较低，但不足以支付其处理费用。

（2）产业组织、生猪政策及生猪价格的影响。通过调查可知，该养殖户目前没有加入任何产业组织，未参与任何订单生产或销售。虽然其了解国家生猪规模养殖政策，但其于 2016 年开始养猪以来，未获得任何生猪政策补贴，政策补贴对其适度规模养殖没有影响，当前生猪价格波动对其适度规模养殖决策影响非常大，其预期未来生猪价格会上涨，生猪预期价格对生猪适度规模养殖决策影响较大。

（3）技术水平及其相关因素的影响。通过调查可知，其目前饲养的生猪品种分别是土三元、杂种猪，不是优良品种，喂养的饲料是浓缩料。生猪饲养技术主要来自聘请的兽医，共聘请 1 名兽医，年聘用费用 4 万元，聘请的兽医提供的技术或技能对其生猪养殖帮助很大，2016 年生猪死亡率为 5%。自身掌握的生猪饲养技术或技能较少，仅掌握饲料选用与配比、猪舍管理（温度、通风等）技术或技能，对其生猪养殖帮助一般。饲养技术或技能对其生猪适度规模养殖决策影响存在较大差异，其认为疫病防控技术（注射疫苗）、疾病防治技术（合理用药）、饲料选用与配比技术对其生猪适度规模养殖决策影响非常大，快速饲养育肥技术影响一般，猪舍日常管理技术影响较小。目前需要的技术依次为：饲料配比技术＞疾病防治技术＞饲养管理技术＞育肥饲养技术。

（4）风险态度及其相关因素的影响。通过调查可知，该养殖户认为其生猪养殖过程中面临的主要风险分别是：生猪、猪肉价格波动风险；猪饲料、仔猪等成本价格波动（仔猪全部来自购买，非自繁自养）；疫病频发风险；环境污染风险。其非常害怕各类风险发生，2016 年生猪因疫病死亡 30 头，损失约 5 万元，除疫病以外，生猪价格、仔猪价格波动风险给其造成的损失无法估量。为了应对生猪出栏价格较低风险，减小经济损失，其于 2017 年在县城租赁两个门面，屠宰生猪进行猪肉销售。关于各种风险对其生猪适度规模养殖决策的影响，其认为生猪价格波动风险、饲料价格波动风险、仔猪价格波动风险、疾病频发风险、饲养技术风险、环境污染风险影响非常大，猪肉价格波动风险影响较大，管理不善风险影响一般，而自然灾害风险、政策变化风险无影响。

6.2.2.5　环境规制背景下生猪养殖户政策期望分析

关于生猪粪便、尿液、废水及病死猪无害化处理问题，期望政府下一步出台的政策分别是：①对粪便、污水处理设备、建设费用和治理成本给予一定环保补贴；②引进粪尿处理企业，专业统一回收，集中处理猪粪尿，开展废弃物资源化利用；③对于病死猪无害化处理问题，希望简化病死猪无害化处理程序，提高补偿标准；④建议期望当地出台土地流转政策和平台，鼓励土地流转。

6.2.3 污染治理压力型养殖户个案分析

6.2.3.1 养殖户基本情况简介

乐山市井研县陈姓养殖户，男，现年 38 岁，大学文化程度，为生猪养殖场负责人，其家庭有成员 6 人，其中劳动力 4 人，从事生猪养殖 11 年。年家庭总收入约 200 万元，其中养猪收入占年家庭总收入的 90%，为当地生猪养殖专业大户，主要采用工业化干清粪工艺处理生猪粪尿，每年支付生猪养殖污染治理成本较高，约 50 万元，是典型的生猪养殖污染治理成本型养殖户。养猪场位于景色秀丽的千佛镇民建村 3 组，养殖猪圈面积达 3 000 平方米，修建于 2007 年，建造时投入约 400 万元，目前圈舍能满足现有生猪养殖规模需要。养猪场建在三面环水的半岛上，远离人口密集区，具有天然的防疫条件和独特的自然景观，有一条专用桥连接猪场和 213 国道，养猪场交通便利。目前养猪场现存栏母猪 800 余头，全场大小猪存栏约 6 000 头，主要繁殖、销售二杂种猪和商品仔猪，兼养育肥猪，是四川省首批获得良好农业规范（GAP）体系认证的养殖企业，是乐山市农业产业化重点龙头企业。由于养猪场与四川蓝雁集团合作，在生猪价格波动时生猪销售也较顺畅，生猪养殖规模大，信用等级较高，筹措生猪养殖所需资金也较为容易。

环境规制实施前，即 2014 年全年生猪养殖规模约 8 000 头，环境规制实施后，即 2015—2016 年分别养殖生猪约 7 000 头、6 000 头，此结果表明环境规制对该养殖户生猪养殖规模影响较大，在环境规制约束下养殖规模逐年递减，原因是该养殖户生猪养殖规模较大，种养分离，面临的污染治理压力大，采用工业化干清粪工艺处理生猪粪尿等废弃物，处理过程较规范，环保投入成本较高，属于典型的污染治理压力型养殖户。其中 2016 年养猪场共有 10 人养猪，其中自家投入 4 人，雇佣 6 人，每天养猪大约用 8 小时/人，年雇工费用约 20 万元，育肥猪平均养殖 210 天出售，出售时每头均重约 100 千克，出售时均价 14.8 元/千克，年生猪销售收入约 600 万元，扣除全年购买仔猪、精粗饲料、医疗防疫费、水电费、污染治理费等费用共约 435 万元，全年生猪养殖净获利润约 150 万元，经济效益较可观。

6.2.3.2 生猪养殖户规模养殖认知与适度养殖规模评判

通过访谈发现，该养殖户知晓年出栏 500 头以上规模养猪是未来主要发展趋势，其认为进行生猪规模养殖有四方面好处，一是降低成本，增加收入，二是降低各种风险，三是充分利用圈舍，四是减少污染。其认为在当前环境规制实施背景下，其生猪养殖规模较大且调整养殖规模较困难，环保规制政策对其生猪养殖影响较大，目前生猪养殖环保要求较高，其承受的生猪养殖污染治理压力较大，投入的治理成本较高，生猪养殖所获利润较少，未来打算缩小生猪养猪规模，选择适度规模养殖。其认为自家养殖场每年养殖育肥猪 1 000 头以上较合适，近三年每年生猪实际养殖规模均远远超过了适度养殖规模。其对生猪适度规模养殖认识较深刻，认为生猪适度养殖规模数量因每个家庭、养殖主体差异实际而定，不能盲目跟风，认为应综合考虑生猪出栏价格、仔猪市场价格、饲料价格、粮食价格、母猪数量、污染治理能力及风险承受能力等多个因素来决定，而非单一因素。

6.2.3.3　环境规制背景下生猪养殖户适度规模养殖决策分析

环境规制实施前，该养殖户与四川蓝雁集团合作，生猪销售顺畅，生猪养殖规模决策通常年底综合考核当年生猪养殖利润、现有猪舍规模大小、能否获得养殖所需土地、风险态度、当前生猪市场价格、资金充裕程度或借贷难易程度、产业组织等因素而确定下一年养殖规模，原因是养殖户作为理性"经济人"，生猪养殖的主要目的是获取养殖利润，当年养殖利润可观时，生猪市场价格稳定时或预期生猪价格会上涨时，其通常会考虑扩大养殖规模；当养殖户加入公司合作养猪时，公司分担了其生猪养殖和销售环节风险，而此时圈舍大小也限制了其生猪养殖规模，若其拥有充裕的资金或资金借贷较容易、生猪养殖所需土地获取较为容易时，其扩大生猪养殖规模的可能性较大，养殖规模也较大；风险态度因人而异，该养殖户属于风险偏好者，觉得养殖规模大，遭受的风险损失大，也面临生猪价格上涨的机会，其获利的概率也高；生猪价格对其影响较大是因为生猪养殖周期较长，短期内不易调整生猪养殖规模结构，遭受的经济损失也大，而加入产业组织可以帮助养殖户销售生猪，因而养殖户做规模养殖决策时通常会考虑生猪价格因素和产业组织因素。而养殖技术水平（养殖技术掌握程度或技术设施完善程度）、劳动力、生猪政策补贴因素对生猪规模养殖决策影响较小，原因是养殖户所掌握稳定的养殖技术及其拥有完善的养殖设施，可持续使用，该因素是其生猪规模养殖决策考虑的次要因素，养殖所需劳动力可以通过工资价格来调节，对其生猪规模养殖影响也较小。而国家原有的生猪补贴政策已取消，目前主要以项目形式对圈舍修理、标准小区建设进行补贴，目前生猪补贴政策对其养殖决策影响变得很弱小了。

环境规制实施后，对生猪养殖环保要求越来越高，养猪产生的污水、粪污需达标，治理生猪养殖污染增加了设备投入和养殖成本，导致了大量中小规模和散养户逐渐被淘汰，大规模逐步发展起来，生猪行业面临重新洗牌。该生猪养殖户在此背景下养殖规模决策也发生了较大变化，通过缩小养殖规模来应对，生猪养殖规模决策考虑当年生猪养殖利润、现有猪舍规模大小、能否获得养殖所需土地、风险态度、当前生猪市场价格、资金充裕程度或借贷难易程度、产业组织、养殖技术水平或技能、劳动力、生猪政策补贴等非环境规制因素的同时，目前主要考虑污染治理压力大小、污染治理成本高低、污染治理设备投入情况，当污染治理压力较大时缩小养殖规模，治理压力较小时反之，污染治理成本较高时缩小养殖规模，成本较低时反之，拥有的污染治理设备较多时，处理粪尿的能力大，扩大养殖规模，设备较少时反之。

6.2.3.4　环境规制背景下养殖户适度规模养殖决策影响因素分析

在当前环境规制实施背景下，生猪养殖户适度规模养殖决策不仅考虑环境规制因素，还考虑非环境规制因素，是基于多因素共同决定，分别对影响生猪养殖户适度规模养殖决策的因素进行分析：

（1）污染治理及其相关因素的影响。通过访谈可知，该养殖户认为自家生猪养殖排泄物对周边环境的污染较小，环境污染不会影响生猪健康养殖，环保部门经常检查生猪排泄物的排放，未因生猪粪尿排放受过处罚。生猪养殖环保问题对其周边邻居、村委会、政府关系有影响，所在的民建村有生猪排泄物管理规章制度、有专人监督生猪废弃物排放。知晓环保政策法规等规制，这些规制及环保部门的检查对限制其扩大生猪养殖规模影响较大，愿意治理生猪养殖污染物。

该猪场采用干清粪工艺，主要污染物为养殖废水，每天产生数量为80～100吨左右。通过干稀分离，将粪便堆积发酵后提供给蔬菜基地做种植施肥用，处理方式为二级厌氧＋好养＋人工湿地方式，排放标准为《畜禽养殖业水污染物排放标准》，COD 400毫克/升，氨氮80毫克/升。污水处理系统累计总投资近600万元，设计处理能力为每小时20吨，采用连续进水方式模块控制，全自动处理。处理过程为：污水通过1 600立方米的全混罐和500立方米的ABR膜两级厌氧进入数千立方米应急兼氧塘，通过污水泵连续进水方式进入一级和二级曝氧，通过人工湿地处理后，由唯一的排放口排放。猪场建设初期开展了建设项目环境影响评价，制定突发环境应急预案，目前经营过程中无一例环保污染事件发生。处理生猪粪尿、废水未获得过政府补贴，处理生猪粪便、粪水、废水等废弃物污染有一定难度和压力，该压力对限制其养猪场扩大生猪养殖规模有较大影响。目前利用粪便废弃污染物生产的有机肥，已获得经济效益，扣除投入的成本后略有利润，经济上较划算。

（2）产业组织、生猪政策及生猪价格的影响。通过访谈可知，该养殖户参加了企业合作养猪，但未参与订单生产，知晓国家生猪规模养殖政策，2015年获得能繁母猪保险补贴 12 万元。其认为自家生猪适度规模养殖决策受生猪政策补贴影响较小，而当前生猪价格波动对其适度规模养殖决策影响较大，预期未来生猪价格将会下跌，生猪预期价格对其养殖决策影响也较大。

（3）技术水平及其相关因素的影响。通过访谈可知，该养殖户饲养的生猪品种为洋三元，属优良品种，喂养的饲料是全价料。生猪饲养技术主要来自合作的公司，公司每年免费提供饲养技术指导，公司提供的饲养技术对其生猪养殖的帮助影响一般。目前自己掌握的生猪饲养技术或技能分别是：给猪注射疫苗、疾病防治与合理用药、饲料选用与配比、快速育肥喂养、猪舍管理（温度、通风等）等，所掌握的饲养技术对其生猪养殖有很大帮助。关于所掌握的技术对其生猪适度规模养殖决策影响评价方面，其认为疫病防控技术（注射疫苗）、疾病防治技术（合理用药）对其生猪适度规模养殖决策影响非常大，掌握的饲料选用与配比技术、快速饲养育肥技术、猪舍日常管理技术对其生猪适度规模养殖决策影响较大，其目前最需要疫病防治技术指导。

（4）风险态度及其相关因素的影响。通过访谈可知，该养殖户在养猪过程中主要面临生猪、猪肉价格波动风险、疫病频发风险、环境污染风险，目前主要通过稳定规模降低成本、做好疫病防控以减小风险造成的损失。该养殖户的生猪适度规模养殖决策主要受生猪市场价格波动风险、猪肉市场价格波动风险的影响较大，受仔猪市场价格波动风险、政策变化风险、管理不善风险的影响大，受猪饲料市场价格波动风险、饲养技术风险的影响一般，而自然灾害风险对其影响较小。

6.2.3.5　环境规制背景下养殖户政策期望分析

关于生猪适度规模养殖，该养殖户期望采用"公司＋农户"帮养模式，因为该模式下公司可提供充足的资金、技术等生产要素，且农户发挥自身土地优势，两者合作，实行帮养，实现种养结合。对生猪粪便、尿液、废水及病死猪无害化处理问题，期望政府下一步出台引进粪尿处理企业的政策，粪尿废弃物由专业企业处理，开发利用废弃物资源，给予污染处理设施、污染治理设备补贴，同时期望通过环保税政策工具，引导养殖户适度规模养殖，促进土地流转，解决生猪规模养殖用地短缺问题。

6.2.4 养殖技术水平提高型养殖户个案分析

6.2.4.1 养殖户基本情况简介

雅安市雨城区朱姓养殖户，男，现年 29 岁，高中毕业后在广州打了四年工，于 2012 年返乡后一直跟随父亲从事生猪养殖，目前负责家中养猪场的所有事情。家中有 6 口人，其中成年人 4 人，其家从事生猪养殖已有 11 年，其本人从事生猪养殖仅 6 年。该养殖户既是大规模养殖户，也是养殖合作社社长，其于 2012 年 12 月投入 85 万元成立雅黑猪养殖专业合作社，合作社占地面积 120 余亩，其中猪舍占地面积 3 000 平方米，青饲料地 100 亩，用于消纳生猪产生的粪尿废弃物，属于典型的土地消纳型养殖户。后与正大公司合作，为正大公司"代养"种公猪、种母猪，按照正大公司标准和要求，共投入 500 万元对圈舍进行扩建，目前有圈舍 4 500 平方米，有圈舍 7 幢，其中妊娠舍 1 幢，保温舍 5 幢，猪舍均位于村外专业饲养区域，防疫隔离条件好。生猪粪便采用水泡粪清粪工艺处理，无污染，并建有沼气池 4 个，完全符合环保要求，合作社内设有诊断室、隔离室、治疗室及必备的仪器设备，能满足现有养殖规模需要。由于养殖的生猪品种是雅南猪和太湖猪，商品育肥猪生猪缓慢，加之养殖技术水平较低，生猪养殖耗费饲料较多，效益较低，2014 年在四川大学老科协专家和正大公司技术指导下，养殖技术水平大幅度提高，开始采用新营养养殖技术，运用绿色饲料，养殖优质育肥猪，因此该养殖户也属于养殖技术水平提高型养殖户。

环境规制实施前，即 2014 年全年生猪养殖规模约 2 100 头，环境规制实施后，即 2015—2016 年分别养殖生猪约 5 600 头、5 000 头，此结果表明环境规制对该养殖户生猪养殖规模影响较大，在环境规制约束下养殖规模逐年递减，原因是该养殖户面临较大的污染治理压力及土地租金上涨压力。其中 2016 年养猪投入 7 人，每天养猪大约用 6 小时/人，其中 6 人为雇佣工人，年雇工费约 26 万元，生猪平均养殖 185 天出售，出售时每头均重约 120 千克，出售均价约为 15.2 元/千克，年生猪销售收入约 980 万元，扣除全年购买仔猪、精粗饲料费用、医疗防疫费、水电等其他费用约 836 万元，年底获利约 140 万元，全年家庭收入约 200 万元，收入主要来自育肥猪、种公猪、母猪养殖。虽然其成立的合作社距离集生猪销售市场远，但当地交通较便利，在正大公司帮助下，生猪出栏时销售顺畅，所需资金也容易借贷到，对生猪养殖充满信心。

6.2.4.2　生猪养殖户规模养殖认知与适度养殖规模评判

经过访谈可知，该养殖户不知晓年出栏 500 头以上规模养猪是未来生猪主要发展趋势。其认为进行生猪规模养殖有六方面优势，分别是降低成本，增加收入；降低各种风险；充分利用圈舍；提高养殖技术水平；减少污染；便于引进先进管理技术。由于目前该养殖户与正大公司合作，采用"代养"模式，虽生猪销售时具有价格优势，但面临较大的污染治理压力及土地租金上涨压力，未来计划缩减生猪养殖规模。其很认可适度规模养猪，其主要通过猪圈大小、饲养技术水平、正大订单规模及污染治理难度因素决定每年生猪养猪规模，认为自身的合作社每年养殖育肥猪 1 000 头以上较合适，2014 年以来每年实际养殖规模已远超了适度养殖规模，未来拟缩减养殖规模，适度规模养殖。

6.2.4.3　环境规制背景下生猪养殖户适度规模养殖决策分析

通过访谈可知，该养殖户育肥猪养殖规模决策主要参考正大公司年度订单"代养"规模量。由于按照正大公司标准修建猪舍，与正大公司签订订单生产，采用"代养"模式，生猪出栏后由正大公司负责销售，育肥猪养殖规模通常由正大公司确定，自己也会综合考虑上一年所获养殖利润、养殖技术水平、自身圈舍设施完善程度及猪舍剩余规模大小，基于订单规模对养殖规模进行动态调整。环境规制实施后，由于养殖合作社按照正大公司标准，采用水泡粪工艺对生猪粪便、尿液及废水进行环保处理，虽能达到环保要求标准，但也投入了较多的污染治理设备，污染治理成本也较高，污染治理压力也较大，目前养殖规模决策主要基于订单规模和污染治理能力，未来打算缩减养殖规模以应对环保压力。

6.2.4.4　环境规制背景下养殖户适度规模养殖决策影响因素分析

在当前环境规制实施背景下，生猪养殖户适度规模养殖决策不仅考虑环境规制因素，还考虑非环境规制因素，是基于多因素共同决定，分别对影响生猪养殖户适度规模养殖决策的因素进行分析：

（1）污染治理及其相关因素的影响。通过访谈可知，该养殖户认为自家合作社生猪养殖产生的排泄物对其周边环境的污染程度较小，而环境污染对其生猪健康养殖影响也较小。自家养猪场所在村内没有生猪排泄物管理规章制度，也没有人监督排放，当地环保部门偶尔检查其合作社生猪养殖污染物的排放，但并未因生猪粪尿排放受过处罚，也没有因生猪养殖环保问题影响与周边农民、村委会或政府的关系。知晓部分《畜禽污染防治条例》、《环境保护法》等政策法规，国家目前实施的畜禽污染防治条例法规及环保部门的检查对限制其扩大生猪养殖规模的影响程度较大。也愿意治理生猪养殖产生的污染物（猪粪、尿液、废水），主要采用干湿分离方式和水泡粪工艺，采用还田、制沼气方式处理猪粪。为了猪粪处理后还田，其租种周围邻居田地 230 亩，这些田地基本上能消耗掉养猪产生的粪便等废弃物，投入资金 60 万元建设 4 个沼气池，共计 1 200 立方米，基本能消耗掉养猪产生的尿液、废水等废弃物。每年处理生猪粪便、粪水、废水等没有难度，但要达到环保要求，面临较大压力，在国家环境规制实施下，其计划缩减养殖规模以减轻自身处理猪粪便、粪水等方面的压力。除此之外，每年处理猪粪便等废物，如拉猪粪、沼渣及抽沼液等支付耗费工钱、电力成本约为 10 万元，从经济效益角度来看很不划算，其认为若将废弃物做成有机肥出售，或许是划算的。

（2）产业组织、生猪政策及生猪价格的影响。经过访谈可知，该养殖户自家成立了雅黑猪专业合作社，也与正大公司合作，参加了正大公司的订单生产和销售，采用"合作社＋公司"代养模式养殖育肥猪。其了解部分国家生猪规模养殖政策，2014 年以来分别获得病死猪无害化处理补贴 80 元/头、标准化规模养殖场建设补助 80 万元，这些政策补贴一定程度上解决了其生猪养殖资金短缺问题，对其适度规模养殖决策影响较大。由于其养殖的育肥猪主要由正大公司负责销售，生猪价格波动对其适度规模养殖决策影响不大，其预期未来一段时间生猪价格将与同期保持一致，生猪预期价格对其适度规模养殖决策基本无影响。

（3）技术水平及其相关因素的影响。通过访谈可知，该养殖户合作社养殖的育肥猪品种是梅山猪、雅南猪、约克猪，属于优良品种，喂养的饲料是全价料。生猪饲养技术主要来自正大公司和四川大学老科协专家，由于每年和正大公司合作，采用订单"代养"生产模式，正大公司免费提供生猪饲养技术培训、技术指导，这些饲养技术指导和技术培训对其生猪养殖有很大帮助。在正大公司帮助下，其养殖技术水平得到很大的提高，自己也掌握了部分生猪饲养技术或技能，分别是给猪注射疫苗、疾病防治与合理用药、饲料选用与配比、快速育肥喂养、猪舍管理（温度、通风等），掌握的这些饲养技术对其生猪养殖有很大帮助，对其生猪适度规模养殖决策影响非常大，其目前最需要的技术是饲养管理技术。

（4）风险态度及其相关因素的影响。通过访谈可知，该养殖户认为养猪过程中存在一定风险，主要的面临的风险分别是：疫病频发风险、管理不善风险、饲养技术风险。由于每年和正大公司合作，实施订单生产，采用"代养"

模式，其养猪过程中并不害怕风险发生。2016 年生猪因疫病死亡 180 头，损失约 16 万元，其主要通过做好疫病防控、购买生猪各种保险以应对风险，降低风险损失额。该养殖户认为各种风险对其生猪适度规模养殖决策存在差异影响，其中生猪市场价格波动风险、猪肉市场价格波动风险、猪饲料市场价格波动风险、政策变化风险无影响，仔猪市场价格波动风险、环境污染风险对其生猪适度规模养殖决策影响较小，饲养技术风险、管理不善风险影响一般，疾病频发风险对其生猪适度规模养殖决策影响较大，自然灾害风险对其生猪适度规模养殖决策的影响非常大，原因是猪场设施遭受过"4·20"雅安地震破坏。

6.2.4.5　环境规制背景下生猪养殖户政策期望分析

关于生猪粪便、尿液、废水及病死猪无害化处理问题，期望政府下一步出台的政策分别是：①期望对于投入的环保设施和治理成本给予一定补贴；②加大资金补贴力度，改扩建沼气池；③建立公共废弃物处理设施，引进粪尿处理企业，专业统一回收，集中处理猪粪尿；④对于病死猪无害化处理问题，希望提高病死猪无害化处理补偿标准；⑤种养结合，解决生猪养殖废弃物"供-需"分离问题。

6.3　不同类型养殖户养殖决策个案对比分析

通过对邻水县养殖户、井研县养殖户、雨城区养殖户进行现场访谈和问卷调查，收集其生猪适度规模养殖决策相关详细资料，对资料内容进行对比分析，得出：

（1）环境规制实施前后生猪养殖户养殖规模决策发生了较大变化。实施前养殖规模决策差异明显，其中养殖风险规避型（以养殖经济利润为目标）养殖户养殖规模决策基于往年生猪养殖利润，自家母猪数量，自繁自养，养殖规模以母猪产仔数量为主，同时参考生猪价格、生猪预期价格、饲料成本、疫情情况。污染治理压力型（投入较高的治理成本）养殖户养殖规模决策由往年生猪养殖利润、现有猪舍规模大小、能否获得养殖所需土地、风险态度、当前生猪市场价格、资金充裕程度或借贷难易程度、产业组织等因素确定。而养殖技术水平提高型（粪尿主要由土地消纳）养殖户养殖规模决策由正大公司确定，自己也会综合考虑上一年所获养殖利润、养殖技术水平、自身圈舍设施完善程度及猪舍剩余规模大小，基于订单规模对养殖规模进行动态调整。而种养分离型（自己无土地，粪尿免费提供给周边农户）养殖户养殖规模决策主要基于生猪和猪肉市场价格变化、周边消纳生猪养殖污染废弃物的土地规模变动进行动态调整养殖规模。环境规制实施后，生猪养殖规模决策主要由生猪养殖户粪便、尿液、污水等废弃物污染处理能力大小、治理成本高低、处理设施齐全程度、消纳污染废弃物所需土地等来综合决定，原因是环境规制实施后养殖户均面临较大污染治理压力，均计划缩减养殖规模，选择适度规模养殖。

（2）生猪养殖户规模养殖认知与适度养殖规模评判存在显著差异。主要体现在两方面，一是规模养猪认知方面，二是适度养殖规模方面。产生以上差异主要由生猪养殖户养殖所具备的养殖条件、生猪规模养殖认知、风险态度、技术水平、污染治理能力、参与产业组织程度、生猪价格评判等差异导致。其中四位养殖户对我国生猪规模养殖趋势均有所了解，但知晓程度存在差异；期望适度养殖规模存在差异，但近三年实际生猪养殖规模均达到并超过适度养殖规模，均计划缩减养殖规模，选择适度规模养殖。

（3）养殖户适度规模养殖决策影响因素存在显著差异。由于四位养殖户在养殖目标、参与产业组织程度、所获生猪政策补贴额度、生猪价格评判、养殖技术水平或技能、饲养风险偏好程度、污染治理能力方面均存在差异，导致上述各因素对其生猪适度规模养殖决策的影响也存在差异，其中由于当前实施严格的环境规制，四位养殖户均面临处理生猪养殖废弃物压力和环保达标压力，该压力对其生猪养殖决策影响和限制养殖规模扩大方面趋于一致，外在环境规制压力已成为养殖户变革养殖决策方式的直接诱因，明显地约束了其养殖行为和养殖规模。

（4）养殖户在适度规模养殖政策期望方面趋于一致。体现在五方面，分别是：①期望政府部门对粪便、污水处理设备、建设费用进行部分环保补贴；②种养结合，利用补贴政策引导农户组建专业化的猪粪合作社，解决当地生猪养殖废弃物"供-需"脱节问题；③建立公共废弃物处理设施，引进粪尿处理企业，专业统一回收，集中处理猪粪尿，开展废弃物资源化利用；④对于病死猪无害化处理问题，希望提高病死猪无公害处理补偿标准；⑤期望通过环保税政策工具，引导养殖户适度规模养殖，促进土地流转，解决生猪规模养殖用地短缺问题。

6.4　本章小结

本章通过选取临水县、安岳县、井研县、雨城区所辖区域内四种不同类型的生猪养殖户，对其生猪适度规模养殖决策进行案例分析，得出：

（1）环境规制实施前后生猪养殖户养殖规模决策发生了较大变化，实施前养殖规模决策差异明显，实施后生猪养殖规模决策趋于一致，均计划缩减养殖规模，选择适度规模养殖。

（2）养殖户在生猪规模养殖认知与适度养殖规模评判、适度规模养殖决策影响因素方面存在显著差异，在适度规模养殖政策期望方面趋于一致，印证了第 4 章、第 5 章研究结论。

（3）环境规制实施后，环境规制给生猪养殖户带来较大的污染治理压力，该压力限制了其扩大生猪养殖规模，生猪养殖规模决策主要由生猪粪便、尿液、污水等废弃物污染处理能力大小、治理成本高低、处理设施齐全程度来综合决定。以上结果回答了提出的问题"环境规制下生猪养殖户如何进行适度规模养殖决策"。

第 7 章 主要结论与政策启示

本书基于当前我国实施严格环境规制现实背景，运用有限理性理论、行为决策理论、规模经济理论、环境经济学理论、规制经济学理论，构建了生猪养殖户适度规模养殖决策研究框架，提出研究假说，并在此基础上，首先运用四川省 3 市 6 县（区）60 个乡镇 187 个村 709 个生猪养殖户的问卷调查数据和 2014 年四川省科技厅科技支撑计划项目"生猪现代产业链关键技术研究集成与产业化示范"课题组调查数据，识别出四川生猪养殖存在规模报酬递减，需适度规模养殖，并从多角度测算出适度养殖规模区间，揭示了影响养殖户适度规模养殖决策的影响因素，其次运用四川省邻水县、井研县、安岳县、雨城区 4 个典型生猪养殖户作为研究案例，从微观层面剖析其在环境规制实施前后规模养殖认知与适度养殖规模评判、适度规模养殖决策、适度规模养殖决策影响因素及政策期望，并印证上述研究结论。

7.1 主要研究结论

7.1.1 生猪养殖户适度养殖规模测度及评判研究

结论一：四川生猪养殖户需要适度规模养殖，污染治理成本已成为养殖规模的限制因素。问卷调查发现，大多数养殖户期望养殖规模是中小规模，若考虑污染治理成本，2015 年养殖户平均养殖成本将由 73.25 万元增加到 78.24 万元，平均利润将由 24.49 万元下降到 19.46 万元。实证研究表明四川生猪养殖户养殖呈规模报酬递减特征，处于规模不经济阶段，需适度规模养殖。上述结果回答了问题"生猪养殖户是否需要适度规模养殖"。

结论二：多视角测算得出的适度养殖规模存在显著差异，适度养殖规模为中小规模。

从养殖户养殖利润最大化视角测算，四川生猪养殖户适度养殖规模区间为 650～800 头，丘陵区适度养殖规模区间为 500～653 头，平原区适度养殖规模区间为 600～700 头，均属中规模；从全要素生产率视角测算，估算得出的适度养殖规模约为 118 头/年，属中规模；从养殖户污染治理成本内部化视角测算，其适度养殖规模区间为 55～75 头，丘陵区适度养殖规模区间为 36～75 头，平原区适度养殖规模区间为 40～60 头，均属小规模；从养殖户土地消纳粪污能力视角，其生猪适度养殖规模为 30～41 头，为小规模。上述结果回答了问题"适度养殖规模区间为多少"及研究假说"在当前环境规制背景下，生猪适度养殖规模区间将缩小"。

结论三：生猪适度规模养殖要基于不同区域实际。由于不同地区、不同发展时期以及不同养殖主体之间，随着经济发展水平、技术条件、社会化服务水平、经营主体素质变化，生猪适度养殖规模也在发生变化，可知生猪适度养殖规模是个动态值，生猪适度规模养殖要基于不同区域实际。

7.1.2　生猪养殖户适度规模养殖决策影响因素研究

结论四：生猪养殖户的风险态度存在差异，风险态度及其相关变量对其生猪适度规模养殖决策有显著影响。

由问卷调查可知，生猪养殖户面临的主要风险是疫病风险和市场价格风险，该风险给其造成巨大损失，大多数厌恶风险，为风险规避者，非常害怕饲养中各种风险发生，主要采用购买保险、做好疫病防控等事前风险措施、保守行为来避险。

实证研究表明生猪养殖户适度规模养殖决策受其风险态度、生猪价格波动风险、饲养技术风险正向显著影响，不同风险态度对其适度规模养殖决策行为的影响也不同。

结论五：生猪养殖户的技术水平存在差距，技术水平及其相关变量对其生猪适度规模养殖决策有显著影响。

由问卷调查可知，养殖户养殖技术以自己摸索为主，掌握的养殖技术或技能存在较大差异，掌握最多的养殖技术或技能是给猪注射疫苗，最需要的养殖技术是疫病防治技术，养殖技术或技能对其生猪养殖帮助较大。

实证研究表明技术水平差距对生猪养殖户适度规模养殖决策正向显著影响，相关变量如是否自配饲料、饲料选用与配比技术水平变量负向及疾病防治技术水平（合理用药）、快速育肥技术水平变量正向显著影响其适度规模养殖决策行为。

结论六：生猪养殖户的污染治理压力存在差异，污染治理压力及其相关变量对其生猪适度规模养殖决策有显著影响。

由问卷调查可知，养殖户承担较高的生猪污染治理费用，获得较少的污染治理补贴，经济上不划算导致其治理污染的积极性受挫；大多数养殖户采用种养结合处理方式，处理生猪粪尿、废水等污染物的难度不大，但面临环保达标的压力难度很大。

实证研究表明污染治理压力对生猪养殖户适度规模养殖决策正向显著影响，适度规模养殖决策也受环保部门检查、环保法规认知、是否干湿分离、是否制沼气变量正向及粪尿是否出售变量负向显著影响。

结论七：生猪养殖户适度规模养殖决策是综合考虑多因素而做出的决定，受非环境规制因素与环境规制因素及其交互项显著影响，探究生猪规模养殖决策行为需从各因素及其交互项两个角度着手。

问卷调查显示，中小规模养殖户居多，生猪养殖户养殖决策存在盲目、悲观心理，但继续从事生猪养殖的积极性和意愿还较高，获取经济利润是其主要动机，资金短缺是限制生猪规模养殖的因素之一，当年生猪和仔猪价格、粮食价格、往年利润及圈舍大小是其调整养殖规模主要考虑的因素。

实证研究表明，经济效益、政策补贴、产业组织、生猪预期价格变量对生猪养殖户适度规模养殖决策行为正向显著影响，当期生猪价格变量负向显著影响，也受上述变量与风险态度、技术水平、污染治理压力交互项影响。上述结果回答了问题"影响生猪养殖户适度规模养殖决策的因素有哪些"及研究假说"生猪养殖户适度规模养殖决策是综合考虑环境规制因素、非环境规制因素及其交互项多个因素而做出的决定"。

7.1.3 生猪养殖户适度规模养殖决策案例研究

结论八：环境规制实施前后生猪养殖户养殖规模决策发生了较大变化，在生猪规模养殖认知、适度养殖规模评判、适度规模养殖决策影响因素方面存在显著差异。案例分析发现，严格环境规制实施前，不同类型生猪养殖户养殖规模决策行为差异明显，影响其决策行为的因素也形态各异。环境规制实施后，养殖户均面临较大污染治理压力，该压力限制了其扩大生猪养殖规模，生猪养殖规模决策主要由生猪粪便、尿液、污水等废弃物污染处理能力大小、治理成本高低、处理设施齐全程度来综合决定。养殖户在养殖目标、参与产业组织程度、所获生猪政策补贴额度、生猪价格评判、养殖技术水平或技能、饲养风险偏好程度、污染治理能力方面均存在差异，导致其在生猪规模养殖认知、适度养殖规模评判、适度规模养殖决策影响因素方面差异显著。上述结果回答了问题"养殖户在环境规制下如何进行适度规模养殖决策"。

7.2　政策或对策启示

7.2.1　国家层面政策启示

一是提供污染治理成本补贴。生猪养殖户的粪液排放具有负的外部性。要做到按标排放，生猪养殖户需要承担较高的生猪污染治理费用，经济上不划算导致其治理污染的积极性受挫，污染治理成本已成为扩大生猪养殖规模的重要限制因素，政策制定部门需基于不同区域实际，对养殖户投入的粪便、污水处理设备、设施建设费用进行部分补贴，继续对沼气池建设进行补贴，提高养殖户污染治理的积极性。

二是加快实施"种养结合循环农业示范工程"。种养结合是种植业和养殖业紧密衔接的生态农业模式，是提高生猪养殖规模化的有效途径，贯彻实施好《种养结合循环农业示范工程建设规划（2017—2020 年）》，在养殖大县、产粮大县推进种养结合循环农业示范县建设试点，探索种养结合循环利用技术模式、筹资建设与运营机制等。重点建设沼渣沼液还田工程、有机肥深加工工程，实现生猪粪便的能源化、肥料化利用。大力支持规模化养殖场（区）配套建设生猪粪便处理设施，搞好粪污综合利用，探索规模养殖粪污的第三方治理与综合利用机制。

三是提高病死猪无害化处理补贴标准。对于养殖户病死猪无害化处理问题，现行补贴标准 80 元/头较低，已不能完全调动养殖户无害化处理病死猪的积极性，本书研究发现，有部分生猪养殖户丢弃病死猪，原因是 80 元/头补贴额低于其无害化处理成本，无害化处理积极性受挫，应提高病死猪无公害处理补偿标准。

四是加快生猪期货上市。基于研究结论可知，当前生猪养殖户基于生猪预期价格而非当期生猪价格进行决策。国家应加快生猪期货合约设计，尽快推动生猪期货上市，用金融工具解决"猪周期"，避免养殖户盲目的扩大规模或缩小规模，实现养殖规模的科学决策。

五是继续推行保险政策补贴。针对养殖户面临较大疫病风险和市场风险等问题，一方面建议继续推行、完善育肥猪保险和动物疫病防控政策，继续将能繁母猪、育肥猪纳入中央财政保险保费补贴范围，给予保费补贴，继续给予生猪疫病强制免疫、强制扑杀给予适当补助；另一方面，在总结我国生猪目标价格保险试点经验基础上，完善生猪目标价格保险政策，在全国范围内推广生猪目标价格保险，平抑生猪价格波动风险，降低市场价格风险造成的损失。

六是健全生猪价格预警机制。在未来生猪发展过程中，建议国家要进一步完善、健全生猪价格预警机制，加强对生猪价格监测，通过政府网建立统一的生猪市场调控信息平台，及时发布价格信息，为养殖户规模决策提供参考。

七是健全全国农业信贷担保体系。基于研究结论可知，资金短缺是制约养殖户生猪养殖的因素之一，建议健全全国农业信贷担保体系，推动各省农业信贷担保体系建设，为生猪养殖户，为养殖户适度规模养殖及养殖关键环节提供方便快捷、费用低廉的信贷担保服务，解决生猪养殖资金信贷和资金短缺问题。

7.2.2　四川省层面政策启示

一是适当降低生猪补贴政策规模标准。一方面国家现行鼓励生猪规模化养殖的政策补贴规模标准为年出栏生猪大于 500 头，而本书基于四川的调查研究得出的四川适度规模养殖规模为中小规模（30～1 000 头），两者规模标准不完全重合。四川省可适当降低政策补贴规模标准，对于年出栏 300～500 头的养殖户给予适当补贴。

二是落实和完善国家生猪政策。市场价格风险给养殖户造成巨大损失，一方面应完善生猪价格预警配套设施平台建设，全面监测四川生猪价格信息，及时发布生猪市场信息，做好生猪价格预警。另一方面落实国家生猪保险和动物疫病防控政策，提高生猪保险保费补贴比例，降低养殖户保费缴纳比例（最多不超过保费的 20%），将保险补贴费用纳入各级地方财政承担，引导养殖户自主自愿购买生猪保险，加强保险实施监督。

三是加强养殖技术培训提高养殖户技术水平。完善养殖技术推广服务体系，充分发挥各级畜牧技术推广单位、养猪专业技术协会、畜牧兽医站、养猪合作社等的科技优势和养殖主体主导作用以及新型职业农民、职业经理人培训等方式，采用技术培训、现场讲座授课、发放资料、提供有偿服务等多种方式，推广先进废弃物处理技术、安全优质养殖技术、疾病防治技术（合理用药）、快速育肥技术、饲料选用与配比技术，提高养殖户养殖技术水平，有利于养殖户扩大养殖规模。

四是加强养殖污染治理与资源化利用。一方面加强养殖污染治理，运用技术手段，推广生猪新品种、新饲料，改良饲养管理方法等，降低生猪粪尿和污水排放量。尝试利用环保税工具调节作用，推广生猪养殖废弃物处理新方法，引导养殖户对生猪粪尿干湿分离，减轻养殖户污染治理压力；一方面利用补贴政策引导养殖户组建专业化的猪粪合作社，作为专业中介，专门负责联系粪污供给方和需求方，收集和运输生猪养殖废弃物，解决生猪养殖废弃物本地和异地"供—需"脱节问题；另一方面尝试开展生猪粪污资源化利用，按照政府支持、企业主体、市场化运作的方针，就地就近建立公共废弃物收集、处理、利用等配套设施，引进粪尿处理企业，集中处理粪尿废弃物，制造有机肥，开展经济作物有机肥替代化肥试点探索，形成种养循环良性发展。

五是培育新型养殖主体，提高产业组织化水平。一方面采用针对性培训、能力建设帮扶等方式，重点培育专业大户、家庭农场、农民合作社、返乡涉农创业者等新型生猪养殖主体；另一方面引导养殖户与新型养殖主体以产业组织为纽带，实施"订单生产或销售"，提高组织化水平，发挥产业组织在标准化生产、市场营销等方面示范带动作用，促进生猪养殖户适度规模养殖。

六是解决生产要素短缺和配置问题。四川生猪规模养殖投入要素中，资本要素激励效果最明显，资金短缺也是制约养殖户生猪养殖的因素之一，建议四川省推进省、市、县信贷担保机构建设和实质性运营，重点服务生猪养殖户养殖关键环节，通过信贷方式解决资金要素约束问题；土地和技术要素激励效果次之，建议降低土地流转难度和成本，促进土地流转，解决生猪规模养殖用地短缺问题；劳动力要素激励效果不明显，减少劳动力配置量，提高其他要素配置量。

7.2.3　生猪养殖户层面对策

一是增强环保意识，提升污染处理能力。在当前严格环境规制实施背景下，环保对生猪生产是"一票否决"。养殖户应遵守《畜禽规模养殖污染防治条例》，积极参与国家、省的生猪粪污治理行动，主动实施"种养结合"循环农业，对生猪粪便实施就近就地消纳。生猪养殖户不宜盲目扩大规模，在污染治理能力提升的情况下可适当扩大养殖规模。

二是加强养殖技术学习，提高生猪养殖技能。做好疫病防控措施，通过参加培训或加入农业产业化组织或自身经验总结等形式，掌握更多的养殖技术，有利于生猪养殖规模的扩大。

三是注重生猪市场行情的预判。注意国家生猪价格预警平台信息，不断总结市场行情演变规律，避免盲目的扩大或缩小养殖规模。

四是积极参加生猪目标价格保险等。提高生猪政策保险认知水平，按照自主自愿原则购买育肥猪保险、能繁母猪保险、生猪目标价格保险，提高生猪保险购买比例，事前规避养殖风险，提高生猪养殖收益水平。

7.3　研究展望

（1）影响因素。本书对生猪养殖户适度规模养殖决策的影响因素进行定量分析，但只分析了各影响因素发挥作用的方向，未度量发挥作用的大小，今后进一步度量各影响因素发挥作用的大小。

（2）案例研究。本书只选择了养殖风险规避型（以养殖经济利润为目标）、污染治理压力型（投入较高的治理成本）、养殖技术水平提高型（粪尿主要由土地消纳）、种养分离型（生猪养殖户自己无土地）生猪养殖户进行案例研究，其他类型养殖户未考虑到，今后进一步选择其他类型养殖户进行案例研究。

（3）研究范围。本书的研究局限于四川的生猪养殖户，对于研究结论的一般性与适用性可能有影响，今后进一步扩大研究范围，选择其他生猪养殖大省的养殖户进行研究，丰富研究结论。

参 考 文 献

安丽，郭军. 基于极值理论的生猪市场价格风险评估研究 [J]. 农业技术经济，2014（3）：33-39.

安林丽，王素霞，金春. 农业规模养殖与面源污染：基于 EKC 的检验 [J]. 生态经济，2018，34（1）：176-179.

敖子强，桂双林，付嘉琦，等. "畜地平衡"模式在规模养猪废水处理中的应用研究进展 [J]. 中国畜牧杂志，2016，52（4）：55-58，72.

保罗·萨谬尔森，威廉·诺德豪斯. 经济学（第 12 版）[M]. 高鸿业，译. 北京：中国发展出版社，1992：864-865.

宾幕容，覃一枝，周发明. 湘江流域农户生猪养殖污染治理意愿分析 [J]. 经济地理，2016，36（11）：154-160.

宾幕容，周发明. 农户畜禽养殖污染治理的投入意愿及其影响因素——基于湖南省 388 家养殖户的调查 [J]. 湖南农业大学学报（社会科学版），2015，16（3）：87-92.

宾幕容. 基于新制度经济学视角的我国畜禽养殖污染分析 [J]. 湖南社会科学，2015（5）：147-152.

蔡亚庆，仇焕广，王金霞，等. 我国农村户用沼气使用效率及其影响因素研究——基于全国五省调研的实证分析 [J]. 中国软科学，2012（8）：58-64.

常维娜，周慧平，高燕. 种养平衡——农业污染减排模式探讨 [J]. 农业环境科学学报，2013，32（11）：2118-2124.

陈菲菲，张崇尚，仇焕广，等. 规模化生猪养殖粪便处理与成本收益分析 [J]. 中国环境科学，2017，37（9）：3455-3463.

陈美球，彭云飞，周丙娟. 不同社会经济发展水平下农户耕地流转意愿的对比分析——基于江西省 21 个村 952 户农户的调查 [J]. 资源科学，2008，30（10）：1491-1496.

陈诗波，王亚静，李崇光. 中国生猪生产效率及影响因素分析 [J]. 农业现代化研究，2008（1）：40-44.

陈双庆. 我国生猪养殖的适度规模研究 [D]. 北京：中国农业科学院，2014.

陈顺友，熊远著，邓昌彦. 规模化养猪生产波动的成因及其抗风险能力初探 [J]. 农业技术经济，2000（6）：6-9.

陈天宝，万昭军，付茂忠，等. 基于氮素循环的耕地畜禽承载能力评估模型建立与应用 [J]. 农业工程学报，2012，28（2）：191-195.

陈瑶，王树进. 我国畜禽集约化养殖环境压力及国外环境治理的启示 [J]. 长江流域资源与环境，2014，23（6）：862-868.

仇焕广，井月，廖绍攀，等. 我国畜禽污染现状与治理政策的有效性分析 [J]. 中国环境科学，2013，33（12）：2268-2273.

仇焕广，廖绍攀，井月，等. 我国畜禽粪便污染的区域差异与发展趋势分析 [J]. 环境科学，2013，34（7）：2766-2774.

仇焕广，栾昊，李瑾，等. 风险规避对农户化肥过量施用行为的影响 [J]. 中国农村经济，2014（3）：85-96.

仇焕广，莫海霞，白军飞，等. 中国农村畜禽粪便处理方式及其影响因素——基于五省调查数据的实证分析 [J]. 中国农村经济，2012（3）：78-87.

仇焕广，严健标，蔡亚庆，等. 我国专业畜禽养殖的污染排放与治理对策分析——基于五省调查的实证研究 [J]. 农业技术经济，2012（5）：29-35.

崔小年，乔娟. 北京市政策性生猪保险调查分析 [J]. 农业经济与管理，2012（3）：76-82.

丹尼尔·F. 史普博. 管制与市场 [M]. 余晖，等，译. 上海：上海三联书店，1999：45.

丁雄. 饲料价格及生猪价格对生猪生产影响的实证研究 [J]. 江西社会科学，2013，33（5）：67-71.

董玲. 我国猪肉价格波动研究 [D]. 呼和浩特：内蒙古农业大学，2010.

董晓霞，李孟娇，于乐荣. 北京市畜禽粪便农田负荷量估算及预警分析 [J]. 中国畜牧杂志，2014，50（18）：32-36.

杜丹清. 关于生猪规模化生产与稳定市场价格的研究 [J]. 价格理论与实践，2009（7）：19-20.

杜焱强，孙小霞，许佳贤，等. 社会生态视阈下的敏感区养殖污染治理分析——以福建省南平市西芹水厂水源地周边地区为例 [J]. 中国生态农业学报，2014，22（7）：866-874.

段勇，张玉珍，李延风，等. 闽江流域畜禽粪便的污染负荷及其环境风险评价 [J]. 生态与农村环境学报，2007，23（3）：55-59.

方松海，孔祥智，张云华，等. 我国西部地区畜牧业技术水平及效果分析——以陕西、宁夏、四川为例 [J]. 中国农村观察，2005（1）：34-39.

方松海，孔祥智. 农户禀赋对保护地生产技术采纳的影响分析——以陕西、四川和宁夏为例 [J]. 农业技术经济，2005（3）：35-42.

冯爱萍，王雪蕾，刘忠，等. 东北三省畜禽养殖环境风险时空特征 [J]. 环境科学研究，2015，28（6）：967-974.

冯淑怡，罗小娟，张丽军，等. 养殖企业畜禽粪尿处理方式选择、影响因素与适用政策工具分析——以太湖流域上游为例 [J]. 华中农业大学学报（社会科学版），2013（1）：12-18.

傅京燕，李丽莎. 环境规制、要素禀赋与产业国际竞争力的实证研究——基于中国制造业的面板数据 [J]. 管理世界，2010 (10)：87-98.

高梦滔，张颖. 小农户更有效率？——八省农村的经验证据 [J]. 统计研究，2006 (8)：21-26.

耿维，胡林，崔建宇，等. 中国区域畜禽粪便能源潜力及总量控制研究 [J]. 农业工程学报，2013，29 (1)：171-179，295.

郭军，陶建平. 我国生猪市场价格风险评估 [J]. 价格理论与实践，2013 (10)：50-51.

郭利京，刘俊杰，赵瑾. 生猪价格预期对仔猪价格形成的动态影响分析——基于行为经济学的视角 [J]. 农村经济，2015 (3)：46-49.

郭亚军，王毅，贾筱智. 中国猪肉生产者供给行为分析——基于适应性预期模型的实证研究 [J]. 中国畜牧杂志，2012，48 (16)：32-36.

韩洪云，舒朗山. 中国生猪产业演进趋势及诱因分析 [J]. 中国畜牧杂志，2010，46 (12)：7-12.

何如海，江激宇，张士云，等. 规模化养殖下的污染清洁处理技术采纳意愿研究——基于安徽省3市奶牛养殖场的调研数据 [J]. 南京农业大学学报（社会科学版），2013，13 (3)：47-53.

何晓红，马月辉. 由美国、澳大利亚、荷兰养殖业发展看我国畜牧业规模化养殖 [J]. 中国畜牧兽医，2007 (4)：149-152.

何郑涛. 循环经济背景下养殖型家庭农场适度规模的研究 [D]. 重庆：西南大学，2016.

赫伯特·西蒙. 管理决策新科学 [M]. 李柱流，等，译. 北京：中国社会科学出版社，1982：34.

侯博，应瑞瑶. 分散农户低碳生产行为决策研究——基于 TPB 和 SEM 的实证分析 [J]. 农业技术经济，2015 (2)：4-13.

侯国庆，马骥. 我国环境规制对畜禽养殖规模的影响效应——基于面板分位数回归方法的实证研究 [J]. 华南理工大学学报（社会科学版），2017，19 (01)：37-48.

胡浩，张晖，黄士新. 规模养殖户健康养殖行为研究——以上海市为例 [J]. 农业经济问题，2009，30 (8)：25-31，110.

胡浩. 现阶段我国生猪经营形态的经济分析 [J]. 中国畜牧杂志，2004，40 (11)：28-31.

胡小平，高洪洋. 我国生猪规模化养殖趋势成因分析 [J]. 四川师范大学学报（社会科学版），2015，42 (6)：38-44.

黄季焜，Scott Rozelle. 技术进步和农业生产发展的原动力——水稻生产力增长的分析 [J]. 农业技术经济，1993 (6)：21-29.

黄季焜，刘莹. 农村环境污染情况及影响因素分析——来自全国百村的实证分析 [J]. 管理学报，2010，7 (11)：1725-1729.

黄祖辉，高钰玲. 农民专业合作社服务功能的实现程度及其影响因素 [J]. 中国农村经济，

2012 (7): 4-16.

金书秦, 韩冬梅, 吴娜伟. 中国畜禽养殖污染防治政策评估 [J]. 农业经济问题, 2018 (3): 119-126.

金书秦, 邢晓旭. 农业面源污染的趋势研判、政策评述和对策建议 [J]. 中国农业科学, 2018, 51 (3): 593-600.

靳淑平. 农民动物防疫技术采用的影响因素分析: 以北京郊区为例 [J]. 农业经济, 2011 (2): 14-16.

孔凡斌, 张维平, 潘丹. 基于规模视角的农户畜禽养殖污染无害化处理意愿影响因素分析——以 5 省 754 户生猪养殖户为例 [J]. 江西财经大学学报, 2016 (6): 75-81.

孔祥才, 王桂霞. 我国畜牧业污染治理政策及实施效果评价 [J]. 西北农林科技大学学报 (社会科学版), 2017, 17 (6): 75-80.

兰勇, 刘舜佳, 向平安. 畜禽养殖家庭农场粪便污染负荷研究——以湖南省县域样本为例 [J]. 经济地理, 2015, 35 (10): 187-193.

冷碧滨, 吉雪强, 涂国平, 等. 中国生猪大规模养殖环境承载力评价研究 [J]. 统计与信息论坛, 2018, 33 (5): 67-72.

冷淑莲, 黄德明. 生猪价格周期性波动及其对策研究 [J]. 价格月刊, 2009 (12): 22-27, 32.

李桦, 郑少锋, 王艳花. 我国生猪规模养殖生产成本变动因素分析 [J]. 农业技术经济, 2006 (1): 49-52.

李景刚, 高艳梅, 臧俊梅. 农户风险意识对土地流转决策行为的影响 [J]. 农业技术经济, 2014 (11): 21-30.

李静, 王靖飞, 吴春艳, 等. 高致病性禽流感发生风险评估框架的建立 [J]. 中国农业科学, 2006, 39 (10): 2114-2117.

李明, 杨军, 徐志刚. 生猪饲养模式对猪肉市场价格波动的影响研究——对中国、美国和日本的比较研究 [J]. 农业经济问题, 2012, 33 (12): 73-78, 112.

李启宇, 张文秀. 城乡统筹背景下农户农地经营权流转意愿及其影响因素分析——基于成渝地区 428 户农户的调查数据 [J]. 农业技术经济, 2010 (5): 47-54.

李文瑛, 肖小勇. 价格波动背景下生猪养殖决策行为影响因素研究——基于前景理论的视角 [J]. 农业现代化研究, 2017, 38 (3): 484-492.

李永友, 沈坤荣. 我国污染控制政策的减排效果——基于省际工业污染数据的实证分析 [J]. 管理世界, 2008 (7): 7-17.

李作稳, 黄季焜, 贾相平, 等. 小额信贷对贫困地区农户畜禽养殖业的影响 [J]. 农业技术经济, 2012 (11): 4-9.

廖翼, 周发明. 我国生猪价格调控政策分析 [J]. 农业技术经济, 2013 (9): 26-34.

廖翼, 周发明. 我国生猪价格调控政策运行机制和效果及政策建议 [J]. 农业现代化研究,

吴根义，廖新俤，贺德春，等. 我国畜禽养殖污染防治现状及对策 [J]. 农业环境科学学报，2014，33（7）：1261－1264.

吴敬学，沈银书. 我国生猪规模养殖的成本效益与发展对策 [J]. 中国畜牧杂志，2012，48（18）：5－7，11.

吴林海，裘光倩，许国艳，等. 病死猪无害化处理政策对生猪养殖户行为的影响效应 [J]. 中国农村经济，2017（2）：56－69.

吴林海，谢旭燕. 生猪养殖户认知特征与兽药使用行为的相关性研究 [J]. 中国人口·资源与环境，2015，25（2）：160－169.

吴林海，许国艳，Hu Wuyang. 生猪养殖户病死猪处理影响因素及其行为选择——基于仿真实验的方法 [J]. 南京农业大学学报（社会科学版），2015，15（2）：90－101，127－128.

吴林海，许国艳，杨乐. 环境污染治理成本内部化条件下的适度生猪养殖规模的研究 [J]. 中国人口·资源与环境，2015，25（7），113－119.

吴渭. 产业链和利益相关者视角下的农业风险研究 [D]. 北京：中国农业大学，2015.

吴学兵，乔娟. 养殖场（户）生猪质量安全控制行为分析 [J/OL]. 华南农业大学学报（社会科学版），2014，13（1）：20－27.

武兰芳，欧阳竹. 种养结合生产区农田磷素平衡分析——以山东禹城为例 [J]. 农业环境科学学报，2009，28（7）：1444－1450.

武深树，谭美英，黄璜，等. 湖南洞庭湖区农地畜禽粪便承载量估算及其风险评价 [J]. 中国生态农业学报，2009，17（6）：1245－1251.

徐瑾. 国外畜禽养殖污染治理的立法经验及启示 [J]. 世界农业，2018（6）：18－23，70.

徐磊，张峭，宋淑婷，等. 家禽产业风险认知及决策行为分析——基于北京市农户的调查 [J]. 中国农业大学学报，2012，17（3）：178－184.

徐鲜梅. 生猪价格涨跌"诱惑"下的农户选择和风险——调研发现与深层思考 [J]. 农村经济，2013（7）：3－8.

徐小华，吴仁水，黄位荣，等. 生猪价格与玉米价格动态调整关系研究 [J]. 中国农业大学学报，2011，16（1）：148－152.

许彪，施亮，刘洋. 我国生猪价格预测及实证研究 [J]. 农业经济问题，2014，35（8）：25－32.

许彪，施亮，刘洋. 我国生猪养殖行业规模化演变模式研究 [J]. 农业经济问题，2015，36（2）：21－26，110.

许海平. 国营农场最优经营规模研究——以海南国营植胶农场为例 [J]. 农业技术经济，2012（8）：96－102.

许庆，尹荣梁，章辉. 规模经济、规模报酬与农业适度规模经营——基于我国粮食生产的实证研究 [J]. 经济研究，2011，46（3）：59－71，94.

闫丽君，陶建平. 我国生猪产业重大疫病灾害风险度量与评估研究 [J]. 广东农业科学，2014，41（4）：176-180.

闫振宇，陶建平，徐家鹏. 中国生猪生产的区域效率差异及其适度规模选择 [J]. 经济地理，2012，32（7）：107-112.

闫振宇，陶建平. 动物疫情信息与养殖户风险感知及风险应对研究 [J]. 中国农业大学学报，2015，20（1）：221-230.

闫振宇，徐家鹏. 生猪规模生产就有效率吗？——兼论我国不同地区生猪养殖适度规模选择 [J]. 财经论丛，2012（2）：3-7.

杨朝英. 中国生猪补贴政策对农户生猪供给影响分析 [J]. 中国畜牧杂志，2013，49（14）：28-31.

杨惠芳. 生猪面源污染现状及防治对策研究——以浙江省嘉兴市为例 [J]. 农业经济问题，2013，34（7）：25-29，110.

杨军香，王合亮，焦洪超，等. 不同种植模式下的土地适宜载畜量 [J]. 中国农业科学，2016，49（2）：339-347.

杨枝煌. 我国生猪产业风险的金融化综合治理 [J]. 农业经济问题，2008（4）：31-34.

姚文捷. 生猪养殖产业集聚演化的环境效应研究——以嘉兴市辖区为例 [J]. 地理科学，2015，35（9）：1140-1147.

姚文捷. 浙江省生猪养殖户废弃物处理采纳行为研究 [J]. 中国畜牧杂志，2017，53（11）：129-133.

姚於康，汪翔，刘媛. 基于农户抽样调查的江苏省农户生猪养殖适度规模经营研究 [J]. 江苏农业学报，2014，30（2），430-436.

姚志，谢云. 无害化处理补贴政策对生猪产业的影响分析 [J]. 中国畜牧杂志，2016，52（18）：12-16.

易泽忠，高阳，郭时印，等. 我国生猪市场价格风险评价及实证分析 [J]. 农业经济问题，2012，33（4）：22-29.

余建斌. 生猪补贴政策的实施效果与完善措施 [J]. 广东农业科学，2013，40（15）：210-212，236.

虞祎，张晖，胡浩. 环境规制对中国生猪生产布局的影响分析 [J]. 中国农村经济，2011（8）：81-88.

虞祎，张晖，胡浩. 排污补贴视角下的养殖户环保投资影响因素研究——基于沪、苏、浙生猪养殖户的调查分析 [J]. 中国人口·资源与环境，2012，22（2）：159-163.

虞祎. 环境约束下生猪生产布局变化研究 [D]. 南京：南京农业大学，2012.

张晖，虞祎，胡浩. 基于农户视角的畜牧业污染处理意愿研究——基于长三角生猪养殖户的调查 [J]. 农村经济，2011（10）：92-94.

张晖. 中国畜牧业面源污染研究 [D]. 南京：南京农业大学，2010.

张立中，潘建伟，陈建成. 不同草原类型区畜牧业适度经营规模测度 [J]. 农业经济问题，2012，33（4）：90-97.

张喜才，张利庠. 我国生猪产业链整合的困境与突围 [J]. 中国畜牧杂志，2010，46（8）：22-26.

张晓辉，Agapi Somwaru，Francis Tuan. 中国生猪生产结构、成本和效益比较研究 [J]. 中国畜牧杂志，2006（4）：27-31.

张玉梅，乔娟. 生态农业视角下养猪场（户）环境治理行为分析——基于北京郊区养猪场（户）的调研数据 [J]. 技术经济，2014，33（7）：75-81.

张玉珍，刘怡靖，段勇，等. 汀江流域畜禽粪便污染负荷及其环境影响 [J]. 地域研究与开发，2009，28（3）：122-125，134.

张郁，江易华. 环境规制政策情境下环境风险感知对养猪户环境行为影响——基于湖北省280户规模养殖户的调查 [J]. 农业技术经济，2016（11）：76-86.

张郁，刘耀东. 养猪户环境风险感知影响因素的实证研究——基于湖北省280个规模养猪户的调研 [J]. 中国农业大学学报，2017，22（6）：168-176.

张郁，齐振宏，孟祥海，等. 生态补偿政策情境下家庭资源禀赋对养猪户环境行为影响——基于湖北省248个专业养殖户（场）的调查研究 [J]. 农业经济问题，2015，36（6）：82-91，112.

张郁，齐振宏，孟祥海. 规模养猪户的环境风险感知及其影响因素 [J]. 华南农业大学学报（社会科学版），2015，14（2）：27-36.

张园园，孙世民，季柯辛. 基于DEA模型的不同饲养规模生猪生产效率分析：山东省与全国的比较 [J]. 中国管理科学，2012，20（S2）：720-725.

张园园，孙世民，彭玉珊. 养猪场户生猪产业扶持政策体系认知度的实证研究 [J]. 农村经济，2014（4）：55-59.

张园园，孙世民，王仁强. 生猪养殖规模化主体行为意愿的影响因素——基于Probit-ISM分析方法的实证研究 [J]. 技术经济，2015，34（1）：95-100.

张跃华，戴鸿浩，吴敏谨. 基于生猪养殖户生物安全的风险管理研究——以浙江省德清县471个农户问卷调查为例 [J]. 中国畜牧杂志，2010，46（12）：32-34.

张中元，赵国庆. FDI、环境规制与技术进步 [J]. 数量经济技术经济研究，2012（4）：19-32.

赵建欣. 农户安全蔬菜供给决策机制研究 [D]. 杭州：浙江大学，2008.

赵连阁，姚文捷，王学渊. 浙江省生猪养殖户废弃物处理补贴期望研究 [J]. 中国畜牧杂志，2016，52（6）：62-67.

赵伟峰，张昆，王海涛. 合作经济组织对农户安全生产行为的影响效应——基于皖、苏养猪户调查数据的实证分析 [J]. 华东经济管理，2016，30（6）：118-122.

郑微微，胡浩，周力. 基于碳排放约束的生猪养殖业生产效率研究 [J]. 南京农业大学学报（社会科学版），2013，13（2）：60-67.

钟颖琦，黄祖辉，吴林海. 生猪养殖户安全生产行为及其影响因素分析 [J]. 中国畜牧杂志，2016，52（20）：1-5，11.

周建军，谭莹，胡洪涛. 环境规制对中国生猪养殖生产布局与产业转移的影响分析 [J]. 农业现代化研究，2018，39（3）：440-450.

周晶，陈玉萍，丁士军. "一揽子"补贴政策对中国生猪养殖规模化进程的影响——基于双重差分方法的估计 [J]. 中国农村经济，2015（4）：29-43.

周晶，陈玉萍，丁士军. 中国生猪养殖业规模化影响因素研究 [J]. 统计与信息论坛，2014，29（1）：63-69.

周力，薛莘绮. 基于纵向协作关系的农户清洁生产行为研究——以生猪养殖为例 [J]. 南京农业大学学报（社会科学版），2014，14（3）：29-36.

周力，郑旭媛. 基于低碳要素支付意愿视角的绿色补贴政策效果评价——以生猪养殖业为例 [J]. 南京农业大学学报（社会科学版），2012，12（4）：85-91.

周力. 产业集聚、环境规制与畜禽养殖半点源污染 [J]. 中国农村经济，2011（2）：60-73.

朱建春，张增强，樊志民，等. 中国畜禽粪便的能源潜力与氮磷耕地负荷及总量控制 [J]. 农业环境科学学报，2014，33（3）：435-445.

朱金贺，赵瑞莹. 基于经营特征的养猪场（户）市场风险预控能力比较分析——基于山东省17个地市的调查 [J]. 农业经济问题，2014，35（2）：34-40，110-111.

朱宁，秦富. 畜禽粪便清理对规模养殖场生产效率的影响分析——以蛋鸡规模养殖户为例 [J]. 农业技术经济，2014（5）：4-12.

卓志，王禹. 生猪价格保险及其风险分散机制 [J]. 保险研究，2016（5）：109-119.

左永彦，冯兰刚. 中国规模生猪养殖全要素生产率的时空分异及收敛性——基于环境约束的视角 [J]. 经济地理，2017，37（7）：166-174，215.

左永彦，彭珏，封永刚. 环境约束下规模生猪养殖的全要素生产率研究 [J]. 农村经济，2016（9）：37-43.

左永彦. 考虑环境因素的中国规模生猪养殖生产率研究 [D]. 重庆：西南大学，2017.

左志平，齐振宏，邬兰娅. 环境管制下规模养猪户绿色养殖模式演化机理——基于湖北省规模养猪户的实证分析 [J]. 农业现代化研究，2016，37（1）：71-78.

左志平，齐振宏，邬兰娅. 碳税补贴视角下规模养猪户低碳养殖行为决策分析 [J]. 中国农业大学学报，2016，21（2）：150-159.

Afroz R, Hanaki K, Hasegawa Kurisu K. Willingness to pay for waste management improvement in Dhaka city, Bangladesh [J]. Journal of Environmental Management, 2009, 90 (1): 492-503.

Antweiler W, Copeland B R, Taylor M S. Is free trade good for the environment? [J].

American Economic Review, 2001, 91 (4): 877 - 908.

Baker A. Fluorescence properties of some farm wastes: implications for water quality monitoring [J]. Water Research, 2002, 36 (1): 189 - 195.

Bardhan P K. Size, productivity, and returns to scale: An analysis of farm-level data in Indian agriculture [J]. Journal of Political Economy, 1973, 81 (6): 1370 - 1386.

Barnes A P, Islam M M, Toma L. Heterogeneity in climate change risk perception amongst dairy farmers: a latent class clustering analysis [J]. Applied Geography, 2013, 41 (4): 105 - 115.

Bernath K, Roschewitz A. Recreational benefits of urban forests: explaining visitors' willingness to pay in the context of the theory of planned behavior [J]. Journal of Environmental Management, 2008, 89 (3): 155 - 166.

Binswanger H P, Deininger K, Feder G. Chapter 42 power, distortions, revolt and reform in agricultural land relations [M]. Handbooks of Development Economics, Amsterdam: Sevier Science B V, 1995, 3 (95): 2659 - 2772.

Bluemling B, Hu C S. Vertical and system integration instead of integrated water management? measures for mitigating NPSP in rural China [C]. International River symposium, 2011: 269 - 277.

Boggess W G, Anaman K A, Hanson G D. Importance, causes and management responses to farm risks: evidence from Florida and Alabama. Journal of Agricultural & Applied Economics, 1985, 17 (2): 105 - 116.

Brewer C, Kliebenstein J B, Hayenga M L. Pork production costs: a comparison of major pork exporting countries [D]. Iowa State University, 1998.

Burkholder J A, Libra B, Weyer P, et al. Impacts of waste from concentrated animal feeding operations on water quality [J]. Environmental Health Perspectives, 2007, 115 (2): 308.

Busse M. Trade, environmental regulations and the World Trade Organization: new empirical evidence [J]. Social Science Electronic Publishing, 2004, 30 (2): 87 - 91.

Campagnolo E R, Johnson K R, Karpati A, et al. Antimicrobial residues in animal waste and water resources proximal to large-scale swine and poultry feeding operations [J]. Science of the Total Environment, 2002, 299 (1): 89 - 95.

Chavas J P, Petrie R, Roth M. Farm household production efficiency: evidence from the Gambia [J]. American Journal of Agricultural Economics, 2005, 87 (1): 160 - 179.

Coase R H, Fowler R F. The pig—cycle in Great Britain: an explanation [J]. Economica, 1937, 4 (13): 55 - 82.

Cole D, Todd L, Wing S. Concentrated swine feeding operations and public health: a review of occupational and community health effects [J]. Environmental Health Perspectives, 2000, 108 (8): 685 - 699.

Ezekiel M. The cobweb theorem [J]. Quarterly Journal Economics, 1938, 52 (2): 255 - 280.

Farmer, T A. Testing the effect of risk attitude on auditor judgments using multiattribute utility theory [J]. Journal of Accounting Auditing & Finance, 1993, 8 (1): 91 - 114.

Finger R. Nitrogen use and the effects of nitrogen taxation under consideration of production and price risks [J]. Agricultural Systems, 2012, 107 (10): 13 - 20.

Flaten O, Lien G, Koesling M, et al. Comparing risk perceptions and risk management in Organic and conventional dairy fanning: empirical results from Norway [J]. Livestock Production Science. 2005, 95 (1 - 2): 11 - 25.

Flynn J, Slovic P, Mertz C K. Gender, race and perception of environmental health risks [J]. Risk Analysis, 1994, 14 (6): 1101 - 1108.

Futrell G A, Grimes G. Understanding hog production and price cycles [D]. Purdue University Cooperative Extension Service, West Lafayette, Indiana, 1989.

Galanopoulos K, Aggelopoulos S, Kamenidou I, et al. Assessing the effects of managerial and production practices on the efficiency of commercial pig farming [J]. Agricultural Systems, 2006, 88 (2 - 3): 125 - 141.

Gao C, Zhang T. Eutrophication in a Chinese context: understanding various physical and socio-economic aspects [J]. Ambio, 2010, 39 (5 - 6): 385 - 393.

Garforth C J, Bailey A P, Tranter R B. Farmers' attitudes to disease risk management in England: a comparative analysis of sheep and pig farmers [J]. Preventive Veterinary Medicine, 2013, 110 (3 - 4): 456.

Gees de Haan. Urbanization and farm size changes in Africa and Asia: implications for livestock research [R]. Independent Science and Partnership Council, February 12, 2013.

Getnet K, Anullo T. Agricultural cooperatives and rural livelihoods: evidence from Ethiopia. Annals of Public & Cooperative Economics [J]. 2012, 83 (2): 18 - 198.

Ghosh D, Ray M R. Risk attitude, ambiguity intolerance and decision making: an exploratory investigation [J]. Decision Sciences, 1992, 23 (2): 431 - 444.

Gilchrist M J, Greko C, Wallinga D B, et al. The potential role of concentrated animal feeding operations in infectious disease epidemics and antibiotic resistance [J]. Environmental Health Perspectives, 2007, 115 (2): 313 - 316.

Goldbach S G, Alban L. A cost-benefit analysis of salmonella-control strategies in danish pork production [J]. Preventive Veterinary Medicine, 2006, 77 (1 - 2): 1 - 14.

Griffin R C, Bromley D W. Agricultural runoff as a nonpoint externality: a theoretical development [J]. American Journal of Agricultural Economics, 1982, 64 (4): 547 – 552.

Guagnano G A, Stern P C, Dietz T. Influences on attitude-behavior relationships: a natural experiment with curbside recycling [J]. Environment & Behavior, Behavior, 1995, 27: 699 – 718.

Hantschel R E, Beese F. Site-oriented ecosysterm management: precondition to reducing the contamination of waters and the atmosphere [J]. Springer Netherlands, 1997, 71: 135 – 145.

Harlow A A. The hog cycle and the cobweb theorem [J]. American Journal of Agricultural Economics, 1960, 42 (2): 842 – 853.

Henessy D A, Lawrence J D. Contractual relations, control, and quality in the hog sector [J]. Review of Agricultural Economics, 1999, 21 (1): 52 – 67.

Hillson D. "When Is a Risk Not a Risk?" [J]. IPMA Project Management Practice, 2005 (1), 6 – 7.

Javorcik B S, Wei S J. Pollution havens and foreign direct investment: dirty secret or popular myth? [J]. Contributions in Economic Analysis & Policy, 2001, 3 (2): 1244 – 1244.

Kelly E, Shalloo L, Geary U, et al. An analysis of the factors associated with technical and scale efficiency of Irish dairy farms [J]. International Journal of Agricultural Management, 2013, 2 (3): 149 – 159.

Kilbride A L, Mendl M, Statham P, et al. A cohort study of preweaning piglet mortality and farrowing accommodation on 112 commercial pig farms in England [J]. Preventive Veterinary Medicine, 2012, 104 (3): 281 – 291.

Klaus Deininger, Denys Nizalov, Sudhir K Singh. Are mega-farms the future of global agriculture? Exploring the farm size-productivity relationship for large commercial farms in Ukraine [R]. Policy Research Working Paper, July 2013, 6544.

Kourouxou M I, Siardosv G K, Iakovidou O I. Olive trees farmers: agricultural management, attitudes and behaviours towards environment [C]. Proceedings of the International Conference on Environmental Science and Technology, 2005: 829 – 835.

Lanoie P, Patry M, Lajeunesse R. Environmental regulation and productivity: testing the porter hypothesis [J]. J Prod Anal, 2008, 30 (2): 121 – 128.

Larsen J. China's growing hunger for meat shown by move to buy smithfield, world's leading pork producer [J/OL]. http://www. earth-policy. org /data _ highlights/2013/ highlights39, 2013.

Larue S, Latruffe L. Agglomeration externalities and technical efficiency in pig production [R]. Working Papers SMART-LERECO, 2008.

Maccrimmon K R, Wehrung D A. Characteristics of risk taking executives [J]. Informs, 1990, 36 (4): 422 - 435.

MacDonald J M, Mcbride W D, Donoghue E O, et al. Profits, costs, and the changing structure of dairy farming [R]. Social Science Electronic Publishing, 2007.

Macdonald J M, Mcbride W D. The transformation of U. S. livestock agriculture: scale, efficiency, and risk [J]. US Department of Agriculture, Economic Research Service, 2009.

Mackenzie S G, Leinonen I, Ferguson N, et al. Can the environmental impact of pig systems be reduced by utilising co-products as feed? [J]. Journal of Cleaner Production, 2016, 115: 172 - 181.

Mackenzie S G, Wallace M, Kyriazakis I. How effective can environmental taxes be in reducing the environmental impact of pig farming systems? [J]. Agricultural Systems, 2017, 152: 131 - 144.

McCulloch R B, Few G S, Murray G C, et al. Analysis of ammonia, ammonium aerosols and acid gases in the atmosphere at a commercial hog farm in eastern North Carolina, USA [J]. Environmental Pollution, 1998, 102 (1): 263 - 268.

Megan stubbs. Coordinator, environmental regulation and agriculture [R]. Congressional Research Service, February, 2013, 22: 30 - 32.

Mosheim R. Increasing size of dairy farms driven by declining production costs [J]. Amber Waves, 2009, 7 (4): 9.

Mulatu A, Wossink A. Environmental regulation and location of industrialized agricultural production in Europe [J]. Land Economics, 2014, 90 (3): 509 - 537.

Nerlove M. Adaptive expectations and cobweb phenomena [J]. Quarterly Journal of Economics, 1958, 72 (2): 227 - 240.

Ogurtsov V A, Asseldonk M P A M, Huirne R B M. Assessing and modelling catastrophic risk perceptions and attitudes in agriculture: a review [J]. NJAS-Wageningen Journal of Life Sciences, 2008, 56 (1): 39 - 58.

Ouwerkerk E V, Liebman M, Richard T. Farm and county scale scenarios for sustainable agriculture in western Iowa [C]. ASAE /CSAE Annual International Meeting, 2004.

O'donnell S, Horan B, Butler A M, et al. A survey of the factors affecting the future intentions of Irish dairy farmers [J]. Journal of Agricultural Science, 2011, 149 (5): 647 - 654.

Pandey S, Masicat P, Velasco L, et al. Risk analysis of a rainfed rice production system in

Tarlac, central Luzon, Philippines [J]. Experimental Agriculture, 1999, 35 (2): 225 - 237.

Parcell J L. An empirical analysis of the demand for wholesale pork primals: seasonality and structural change [J]. Journal of Agricultural & Resource Economics, 2003, 28 (2): 335 - 348.

Paudel K P, Lohr L, Jr N R M. Effect of risk perspective on fertilizer choice by sharecroppers [J]. Agricultural Systems, 2000, 66 (2): 115 - 128.

Peng X Y, Cheng Y J. Factors affecting biogas technology adoption behavior of pig-raising households: a case study in Hunan province, China [C]. Business Management and Electronic Information (BMEI), 2011 International Conference on. IEEE, 2011: 203 - 206.

Poudel D, Johnsen F H. Valuation of crop genetic resources in Kaski, Nepal: farmers' willingness to pay for rice landraces conservation [J]. Journal of Environmental Management, 2009, 90 (3): 483 - 491.

Robin D, Arcy & Gary Storey. 中国生猪周期理论与模式评估 [R]. 加拿大农业咨询有限公司, 2000 年 6 月, http://doc. mbalib. com/view/859318f0cc827a7254bfa8a006ace2bb. html.

Schlosser W, Ebel E. Use of a markov-chain monte carlo model to evaluate the time value of historical testing information in animal populations [J]. Preventive Veterinary Medicine, 2001, 48 (3): 167 - 175.

Schofield K, Seager J, Merriman R P. The impact of intensive dairy farming activities on river quality: the eastern Cleddau Cathment study [J]. Water & Environment Journal, 1990, 4 (2): 176 - 186.

Segerson K. Uncertainty and incentives for nonpoint source pollution [J]. Environ Econ Manage, 1988, 15 (1): 87 - 98.

Shreve B R, Moore P A, Daniel T C, et al. Reduction of phosphorus in runoff from field-applied poultry litter using chemical amendments [J]. Journal of Environmental Quality, 1995, 24 (1): 106 - 111.

Sitkin S B, Weingart L R. Determinants of risky decision making behavior: a test of the mediating role of risk perceptions and propensity [J]. Academy of Management Journal, 1995, 38 (6): 1573 - 1592.

Sullivan J, Vasavada U, Smith M. Environmental regulation & location of hog production [J]. Agricultural Outlook, 2000, 274: 19 - 23.

S. Hermesch, C. I. Ludemann, P. R. Economic weights for performance and survival traits of growing pigs [J]. American Society of Animal Science, 2014, 92 (12): 5358 -

5366.

Wilson P N，Luginsland T R，Armstrong D V. Risk perceptions and management responses of Arizona dairy producers [J]. Journal of Dairy Science，1988，71 (2)：545 - 551.

Yang C C. Productive efficiency，environmental efficiency and their determinants in farrow-to-finish pig farming in Taiwan [J]. Livestock Science，2009，126 (1 - 3)：195 - 205.

Yang D，Liu Z. Does farmer economic organization and agricultural specialization improve rural income? -evidence from China [J]. Economic Modelling，2012，29 (3)：990 - 993.

Zheng C，Bluemling B，Liu Y，et al. Managing manure from China's pigs and poultry：the influence of ecological rationality [J]. Ambio，2014，43 (5)：661 - 672.

附录 1 问 卷

生猪养殖户适度规模养殖决策研究问卷

本问卷调查数据仅为撰写博士毕业论文所用，不会泄露您个人信息。本问卷答案无所谓对错，所涉及的生猪均指育肥猪，请在问题的选项代码上面打"√"，或在"_____"上填写相应内容，凡问题中问的"有哪些"为多选项。衷心感谢您的支持，祝您生活愉快！

第一部分：养殖户及生猪养殖基本情况

1. 您姓名：_____；性别：A. 男；B. 女；年龄：_____岁

2. 您的文化程度：A. 小学及以下；B. 初中；C. 高中（中专）；D. 大专；E. 本科及以上

3. 您是（可多选）_____：A. 普通养殖户；B. 合作社或协会成员；C. 公司加农户会员；D. 村干部；E. 其他_____

4. 您家庭成员共有_____人，其中劳动力_____人；您家从事生猪养殖有_____年。

5. 您家圈舍面积有_____平方米，建造时投入_____万元，能否满足现有养殖规模_____ A. 能；B. 不能

6. 您家年均总收入约为_____万元：A. 5 万元以下；B. 5 万～9 万元；C. 10 万～15 万元；D. 16 万元以上；其中年养猪收入占年总收入的比重约为_____ A. 30% 及以下；B. 31%～50%；C. 51%～70%；D. 71%以上

7. 您家 2013 年养殖生猪_____头，2014 年养殖生猪_____头，2015 年养殖生猪_____头。

8. 2015 年您家养猪有_____人，每天养猪大约用_____小时，雇佣_____人，年雇工费_____万元，平均养殖_____天出售，出售时每头均重约_____斤，出售时均价_____元/斤，年生猪毛销售收入约_____万元，全年购买仔猪_____万元，自产仔猪_____头，购买精粗饲料_____万元，医疗防疫费用支出_____万元，水电等其他费用支出_____万元。

9. 您家生猪销售难易程度如何？ _____ A. 很难卖；B. 一般都能卖出去；
   C. 很容易卖出去

10. 您家为养猪借贷到资金的难易程度如何？A. 容易借贷；B. 偶尔能借贷
    到；C. 很难借贷到；D. 没有贷过

11. 您家养猪场所处区域：A. 自家房屋边；B. 村中或人口密集区；C. 村外
    空旷区；D. 村外专业饲养区域

12. 您家养猪场距集市远近：A. 很近；B. 较远；C. 很远。养猪场交通便利
    条件：A. 便利；B. 一般；C. 不方便

第二部分：生猪养殖户规模养殖认知与适度养殖规模评判

13. 您知晓年出栏 500 头以上规模养猪是未来主要发展趋势吗？A. 不知晓；
    B. 知晓一点；C. 完全知晓

14. 您觉得规模养猪有哪些优势？（可多选）A. 降低成本，增加收入；B. 降
    低各种风险；C. 充分利用圈舍；D. 提高养殖技术水平；E. 减少污染；
    F. 增强市场议价能力；G. 引进先进管理技术；H. 其他_____

15. 您打算怎样调整生猪养殖规模？A. 不养了；B. 缩小养猪规模；C. 维持
    现有养猪规模；D. 扩大养猪规模

16. 您是如何决定每年养猪规模的？（可多选）A. 往年养猪是否赚钱；B. 当
    年生猪、仔猪、粮食等价格；C. 种地规模；D. 粮食产量；E. 猪圈大小；
    F. 是否容易雇人养猪；G. 饲养技术水平；H. 污染治理压力

17. 您觉得每年养_____头生猪较合适。A. 30 头以下；B. 31～100 头；
    C. 101～1 000 头；D. 1 000 头以上

18. 您每年生猪养殖规模是否达到适度养殖规模？ _____ A. 达到；B. 未
    达到

第三部分：生猪养殖户适度规模养殖决策影响因素

（一）产业组织、生猪政策、生猪价格现状及对适度规模养殖决策影响

19. 您家是否加入养猪合作组织？A. 未参加；B. 参加。是否参加订单生产或
    销售？A. 参加；B. 未参加

20. 您家了解国家生猪规模养殖政策吗？A. 不了解；B. 了解

21. 2015 年您家所获生猪政策补贴及政策影响

单位：万元

补贴类型	补贴金额	补贴类型	补贴金额
能繁母猪保险补贴		病死猪无害化处理补助	
育肥猪保险补贴		标准化规模养殖场建设补助	
生猪目标价格保险补贴		购买优质种猪精液补助	
重大疫病强制免疫补助		生猪调出大县奖励	
重大疫病扑杀补助		粪污处理设备补贴	
政策补贴对您适度规模养殖影响如何？A. 没有影响；B. 较小；C. 一般；D. 较大；E. 影响非常大			

22. 当前生猪价格波动对您适度规模养殖决策影响如何？A. 没有影响；B. 较小；C. 一般；D. 较大；E. 影响非常大

23. 您预期未来生猪价格将会如何变化？_____ A. 会下跌；B. 和现在持平；C. 会上涨；D. 不清楚

24. 生猪预期价格对您生猪适度规模养殖决策影响如何？_____ A. 没有影响；B. 较小；C. 一般；D. 较大；E. 影响非常大

（二）养殖户养殖技术水平现状及对适度规模养殖决策影响

25. 您饲养的主要生猪品种是？_____ A. 洋三元；B. 土三元；C. 土杂猪；是优良品种吗？A. 是；B. 不是

26. 您家生猪主要喂养的饲料是？_____ A. 青粗饲料；B. 全价料；C. 浓缩料；D. 预混料；E. 其他_____

27. 您家生猪饲养技术主要来自哪里？_____（可多选）A. 自己摸索；B. 聘请的技术员；C. 附近的兽医；D. 合作社或协会；E. 当地畜牧兽医站；F. 亲戚或邻居；G. 报纸、电视、网络等媒体；H. 其他_____

28. 您家每年支付生猪饲养技术费用（技术培训、聘请技术员、技术指导等）约_____万元；这些机构或个人提供的饲养技术对您生猪养殖是否有帮助：A. 帮助很大；B. 一般；C. 没有

29. 您掌握了哪些生猪饲养技术或技能？_____（可多选）A. 给猪注射疫苗；B. 疾病防治与合理用药；C. 饲料选用与配比；D. 快速育肥喂养；E. 猪舍管理（温度、通风等）；F. 其他（粪污处理）_____

30. 您掌握的饲养技术或技能对您生猪养殖是否有帮助？A. 帮助很大；B. 帮助一般；C. 没有帮助

31. 掌握的饲养技术或技能对您生猪适度规模养殖决策的影响，请在对应空格里打"√"。

掌握的技术或技能类型	无影响	影响较小	影响一般	影响较大	影响非常大
疫病防控技术（注射疫苗）					
疾病防治技术（合理用药）					
饲料选用与配比技术					
快速饲养育肥技术					
猪舍日常管理技术					

32. 您最需哪项技术指导？ _____ A. 疫病防治技术；B. 饲料配比技术；C. 育肥饲养技术；D. 饲养管理技术

（三）养殖户饲养风险现状及对适度规模养殖决策影响

33. 您认为养猪过程中是否存在风险？ _____ A. 说不清；B. 存在一定风险；C. 存在很大风险

34. 您养猪过程中主要面临哪些风险？（可多选） _____ A. 生猪、猪肉价格波动；B. 猪饲料、仔猪等成本价格波动；C. 疫病频发风险；D. 自然灾害风险；E. 政策变化风险；F. 管理不善风险；G. 饲养技术风险；H. 环境污染风险

35. 您养猪过程中害怕风险发生吗？ _____ A. 非常害怕；B. 无所谓；C. 不害怕

36. 2015 年您家生猪因疫病死亡_____头，损失约_____万元，除疫病以外的风险是_____风险，造成的损失约_____万元。

37. 面对生猪养殖风险，您如何减小风险损失？（可多选） _____ A. 稳定规模降低成本；B. 适时出售生猪；C. 自繁仔猪；D. 自制生猪饲料；E. 做好疫病防控；F. 购买生猪各种保险；G. 放弃养猪从事其他行业；H. 其他___

38. 各种养殖风险对您生猪适度规模养殖决策的影响，请在对应空格里内打"√"号。

风险类型	无影响	影响较小	影响一般	影响较大	影响非常大
生猪市场价格波动风险					
猪肉市场价格波动风险					
猪饲料市场价格波动风险					
仔猪市场价格波动风险					
疾病频发风险					
饲养技术风险					
自然灾害风险					
政策变化风险					
环境污染风险					
管理不善风险					

（四）养殖户污染治理现状及对适度规模养殖决策影响

39. 您觉得生猪排泄物对周边环境的污染程度如何？_____ A. 污染较小；B. 污染一般；C. 污染较严重

40. 您觉得环境污染会影响生猪健康养殖吗？_____ A. 不影响；B. 影响较小；C. 影响较大

41. 环保部门经常来检查生猪排泄物的排放吗？_____ A. 从未检查；B. 偶尔检查；C. 经常检查

42. 您是否因生猪粪尿排放受过处罚？_____ A. 未受过；B. 受过

43. 生猪养殖污染问题是否影响您与周边邻居、村委会或政府关系？_____ A. 是；B. 否

44. 您村有生猪排泄物管理规章制度吗？_____ A. 有；B. 没有；是否有人监督排放？_____ A. 有；B. 没有

45. 您知晓新《环境保护法》、《畜禽污染防治条例》等政策法规吗？_____ A. 不知晓；B. 知晓部分；C. 很熟悉

46. 环保政策法规及环保部门的检查影响您扩大生猪养殖规模吗？_____ A. 没有影响；B. 影响较小；C. 影响一般；D. 影响较大；E. 影响非常大

47. 您愿意治理生猪养殖污染物（猪粪、尿液、废水）吗？_____ A. 愿意；B. 不愿意

48. 您家生猪养殖产生的污染物（猪粪、尿液等）采用干湿分离方式处理吗？_____ A. 采用；B. 未采用

49. 您家生猪猪粪采用哪种途径处理的？_____ A. 还田；B. 制沼气；C. 做有机肥；D. 废弃；E. 出售；F. 其他

若是采用直接还田，您家种_____亩田地，田地能消耗掉养猪产生的粪便吗？_____ A. 不能；B. 基本能；C. 完全能

若是采用沼气池，您家沼气池_____立方米，建时投入_____万元，获得补贴_____万元，沼气池能完全消耗掉养猪产生的粪便吗？_____ A. 不能；B. 基本能；C. 完全能

若是采用做有机肥，购买设备_____台，投入_____万元，获得补贴_____万元，设备能完全消耗掉养猪产生的粪便吗？_____ A. 不能；B. 基本能；C. 完全能

若是猪粪采用出售方式，您家每年出售猪粪获利_____万元。

若是采用废弃方式，您家有空余的土地堆放养猪产生的粪便吗？_____

A. 不能；B. 基本能；C. 完全能

50. 您家生猪尿液、废水采用哪种途径处理的？_____ A. 直排；B. 还田；C. 沉淀后排放；D. 制沼气；E. 进化粪池；F. 其他_____

51. 您家处理生猪粪尿、废水等获得过政府补贴吗？_____ A. 获得；B. 未获得；若获得，所获补贴额度为_____万元。

52. 您家生猪粪便、粪水、废水等处理难度如何？_____ A. 没有难度；B. 有一定难度；C. 难度较大

53. 您家处理猪粪便、粪水等压力影响您扩大生猪养殖规模吗？_____ A. 没影响；B. 较小；C. 一般；D. 较大；E. 非常大

54. 您家处理生猪粪便等废物，如拉猪粪、沼渣及抽沼液耗费的工钱、电力成本等，大约为_____元/年，获得收益，如出售生猪废弃物做成的有机肥、猪粪便还田节省的肥料费用等，大约_____元/年，经济上是否划算_____ A. 划算；B. 不划算

55. 您家病死猪是怎么处理的？_____ A. 深埋；B. 焚烧；C. 高温消毒；D. 丢弃；E. 其他_____

56. 您对生猪粪尿、废水及病死猪处理等问题，期望政府未来出台哪些方面政策措施？_____ A. 引进粪尿处理企业，专业统一回收处理；B. 加大资金补贴力度，改扩建沼气池；C. 建立公共废弃物处理设施；D. 提高病死猪补偿标准；E. 其他_____

谢谢您的参与和配合！

附录2 案例访谈提纲

生猪养殖户适度规模养殖决策案例研究访谈提纲

1. 请介绍下 2014—2016 年您家生猪养殖、销售、收入等情况？

2. 严格环境规制实施前，您家是怎样做生猪养殖规模决策的（如每年养殖多少头多大规模，增加还是减少，您是怎样确定的，决策过程是什么）？

3. 环境规制实施前，您家生猪养殖规模决策主要考虑哪些因素？
   ①养殖利润（往年养殖利润，预期利润）；
   ②生产要素（土地能否获得，资金充裕程度或借贷难易程度，养殖技术掌握程度或技术设施完善程度，雇人养猪难易程度）；
   ③风险态度（偏好风险、中性、厌恶风险）；
   ④生猪价格（当前生猪市场价格，预期生猪价格）；
   ⑤产业组织（参加合作社、协会、企业、订单生产情况等）；
   ⑥生猪政策补贴（是否获得补贴等）；
   ⑦市场信息获取便利程度。

4. 严格环境规制实施后，您家现在是怎样做生猪养殖规模决策的（如每年养多少头、多大规模，增加还是减少，您是怎样确定的，决策过程是什么）？

5. 严格环境规制实施后，您家现在生猪养殖规模决策主要考虑哪些因素？
   ①养殖利润（往年养殖利润，预期利润）；
   ②生产要素（土地能否获得，资金充裕程度或借贷难易程度，养殖技术掌握程度或技术设施完善程度，雇人养猪难易程度）；
   ③风险态度（偏好风险、中性、厌恶风险）；
   ④生猪价格（当前生猪市场价格，预期生猪价格）；
   ⑤产业组织（参加合作社、协会、企业、订单生产情况等）；
   ⑥生猪政策补贴（是否获得补贴等）；
   ⑦市场信息获取便利程度；
   ⑧废弃物污染治理压力、污染治理成本、污染治理设备投入等。

6. 严格环境规制实施后，对限制您家生猪规模养殖影响大吗？主要体现哪些方面（如缩小养殖规模，增加养殖成本，增加环保设备投入，粪污达标处理，环境评估，如何应对）？

7. 严格环境规制实施后，您家考虑过适度规模养猪吗？请谈谈您对生猪适度规模养殖的看法（如生猪适度规模养殖的目的是什么，多大养殖规模为适度，影响适度规模养殖的因素有哪些）？

8. 关于生猪适度规模养殖，您期望未来主管部门出台哪些帮扶政策和措施（如政策、措施、补贴额度等）？

9. 严格环境规制实施后，您家现在采用哪种生猪养殖模式？未来希望采用哪种模式（如种养结合、种养分离等）？期望主管部门出台哪些方面政策和措施？

后　　记

　　四年半全日制的博士生活，充满了迷茫、焦虑、挫折、无奈，但在导师与家人的帮助与鼓励下，不断成长、进步与成熟，逐渐学会了如何去学习、思考，去面对挫折，克服困难，心智逐渐走向成熟，是我成长中经历的重要阶段。回想四年半的博士生活，需要感谢诸多帮助和关心我的人，首先要衷心感谢导师吴秀敏教授收下我做弟子，并给予谆谆教诲，在我遇到困难时给我的帮助与心理疏导，在我博士论文选题、问卷调研到毕业论文撰写上给予的悉心指导，您严谨细致、一丝不苟的工作作风是我学习的榜样，也衷心感谢师母对我的关心。其次我也要深深感谢李冬梅教授给予我学习上的指导，您对学生的关心、鼓励深深感动着我，同时还要感谢四川农业大学郑循刚教授、何格教授、傅新红教授、冉瑞平教授、蒋远胜教授、杨锦绣教授、四川省社会科学院张克俊研究员、西南财经大学李萍教授、贾晋教授及匿名教授在我研究生班讨论、论文开题、预答辩、盲评、正式答辩环节提出宝贵修改意见，在此对你们表示衷心的感谢。

　　感谢诸多朋友、同学的帮助和支持。首先，感谢四川省安岳县、乐至县、船山区、射洪县、名山区、东坡区、邻水县、井研县、雨城区畜牧局及所属的 64 个乡（镇）畜牧兽医站多位工作人员提供调研帮助，感谢 709 位生猪养殖户及 4 位典型养殖户，在问卷调研和案例调研时提供大力支持与配合，在此对你们表示衷心的感谢。其次，感谢同门师兄赵智晶，师弟周伟、黄超、刘开封、何邦路、茅文及师妹唐淑一、覃玥、毛林妹、陈哲蕊、余可、万冰、王丽在攻读博士学位期间给予的帮助与支持。感谢 4C411 学习室一起学习生活的同学徐光顺、于伟咏、侯凯、朱泓宇、刘国强、吴晓婷、刘宇荧、徐丽娟及好友余华、熊肖雷、唐小平、姜涛，感谢你们一直以来的关心和帮助，祝愿大家开心快乐、事业有成，我们朝夕相处日子中相互帮助，有数不尽的温暖和快乐的回忆让我难忘。最后感谢我的妻子姚琦馥、双方父母多年来对我博士学习的全力支持，还有可爱的儿子田原带来的欢乐，你们的支持是我坚强的后盾和依靠，也是我努力前进的动力。

本专著是在我博士毕业论文的基础上扩充而成，导师吴秀敏教授在此专著写作过程中给予悉心指导，再次表示感谢。

田文勇

2018 年 11 月 30 日